泸州市纳溪区农业与气象知识读本

潘洪先　主编

内容简介

本书是纳溪区多年农业气象服务成果和工作经验的总结，包含了农业气象灾害基础知识，纳溪区基本情况，影响纳溪区的主要农业气象灾害，纳溪区农业暴雨洪涝灾害风险区划，水稻、茶树生长发育规律及其种植区划，农业气象服务的主要任务、主要形式和组织工作。内容丰富，资料翔实，地域特色明显。

本书可供纳溪区及其周边地区从事农业、气象、环境、水利等工作者参考，也可供相关行业的科技人员和院校师生参阅。

图书在版编目（CIP）数据

泸州市纳溪区农业与气象知识读本 / 潘洪先主编 .--北京：气象出版社，2017.3

ISBN 978-7-5029-5312-6

Ⅰ. ①泸… Ⅱ. ①潘… Ⅲ. ①农业气象－介绍－纳溪区 Ⅳ. ① S162.227.14

中国版本图书馆 CIP 数据核字 (2017) 第 028131 号

Luzhoushi Naxiqu Nongye yu Qixiang Zhishi Duben

泸州市纳溪区农业与气象知识读本

出版发行：气象出版社

地　　址：北京市海淀区中关村南大街 46 号　　邮政编码：100081

电　　话：010-68407112（总编室）　010-68408042（发行部）

网　　址：http://www.qxcbs.com　　E-mail：qxcbs@cma.gov.cn

责任编辑：陈凤贵　张锐锐　　终　　审：邵俊年

封面设计：博雅思企划　　责任技编：赵相宁

印　　刷：北京建宏印刷有限公司

开　　本：710mm×1000mm　1/16　　印　　张：10.125

字　　数：180 千字

版　　次：2017 年 3 月第 1 版　　印　　次：2017 年 3 月第 1 次印刷

定　　价：38.00 元

编写和指导组名单

主　　编　潘洪先

副 主 编　陈泽刚　周　宇

成　　员　（按照姓氏笔画排序）

刘巧灵　张　瑞　陈绍炳　陈春梅

胡冬平　唐嘉佩　曾婉秋　蔡　涌

技术指导　（按照姓氏笔画排序）

上官昌贵　王立云　佘　莲　张祖海

唐　华　赖自力

序言

地球气候是一切地球生物赖以生存的基础条件之一。对于农业生产来说，光、热、水这些气候条件决定了农作物的分布、熟制、产品质量及种植制度和生产方式等。在大田农业仍然改变不了“靠天吃饭”的今天，旱、涝、风雹、低温等灾害性天气，也还是严重威胁农业生产的主要气象灾害。而气象部门多年来持续开展的农业气象服务业务，就是要在已经掌握的当地气候时空分布和变化规律的基础上，搞清楚其对农业生产的各种影响，充分挖掘和应用好当地的气候资源，将气象对农业造成的灾害损失降到最低，做到趋利避害。

在全球气候变化背景下，各地极端气候不仅频发，而且极端性更强，使得农业生产常会受到意想不到的极端气候的影响，遭遇极端气象灾害，若应对不好，将会威胁到国家粮食安全。在此同时，随着现代农业的发展，精准农业、设施农业和优质高效农业对农业气象服务提出了新的需求，气象部门需要在做好传统农业气象服务的基础上，积极跟进，提供相应的更具有针对性、适用性的农业气象服务。

做好农业气象服务，是各级气象部门特别是县级气象部门的重要职责之一，相应的业务技术水平的不断提高，也是气象部门长期追求的。这本书结合纳溪区农业生产特点，顺应农业生产的需求，承上启下，既有较系统的基础知识汇集，又有农业气象服务业务技术知识汇集，具有知识性和实用性，是一本很好的纳溪区农业气象服务业务指导手册，也对其他相关业务技术人员具有借鉴和指导作用。

同时，纳溪区气象局充分利用中央财政“三农”服务专项实施的宝贵机会，积极思考如何开展农业气象服务，既实实在在地开展好了气象为农服务，又有服务后提炼出的经验成果，值得其他“三农”实施区县学习借鉴。

马力*

2017年3月

---

* 马力，四川省气象局副局长、正研级高工。

前言

纳溪区是粮食种植大区，粮油、经济作物丰富，种类繁多。在深入贯彻中央关于全面深化农村改革、加快推进农业现代化的大潮中，作为与农业息息相关的气象部门，我们在积极思考如何将农业与气象有机结合，做出一个什么样的成果，让广大农民朋友了解、学习农业气象知识，从中得到一些参考和借鉴？于是，此书应运而生。

本书共分为七章。第一章介绍了一些农业、气象、气象灾害、农业气象灾害基础知识，让读者对相关知识有初步的了解。第二章概述了纳溪区基本情况，引导读者熟悉纳溪区地理特征、气候背景和农业农村概况。第三章梳理了影响纳溪区的主要农业气象灾害及对农业生产的主要影响，收集整理了境内主要灾害个例，希望能够对以后开展防灾减灾工作提供思路和借鉴。第四章为纳溪区农业暴雨洪涝灾害风险区划，分析了致灾因子、孕灾环境敏感性、承灾体易损性和防灾抗灾能力，得到了纳溪区农业暴雨洪涝风险区划，并提出了针对农业暴雨洪涝灾害防御的措施。第五章、第六章分别梳理了纳溪区水稻、茶树生长发育规律、各生育期气象指标，提出了趋利避害措施、生产对策建议等，并根据农业气候资料，从合理调整大农业结构的角度，做出水稻和茶树种植区划。第七章介绍了纳溪区农业气象服务的主要任务、主要形式和组织工作，分析了四季农业气象服务工作重点，并结合影响农业生产的各月气候背景，提出了各月主要农事活动建议。

在编纂此书过程中，潘洪先作为主编，承担了包括组织协调、内容整理、章节安排、初稿编纂等工作；刘巧灵主要承担了农业气象灾害、纳溪区历史上的农业气象灾害、纳溪区农业气象灾害个例等内容编纂，以及整篇气象资料、数据的整理；周宇承担了农业气象服务标准和规范等内容的编纂；陈绍炳承担了水稻、茶树种植等部分内容编纂；唐嘉佩承担了纳溪区气候特征等部分内容编纂；曾婉秋、张瑞承担了纳溪区情况概述等部分内容编纂，负责与出版社老师沟通协调、校稿等；编写组其他成员也不同程度的承担了部分工作。

此书也得到了上官昌贵、赖自力、余莲、唐华等专家的大力支持，专家们给予了很多建议和技术把关；得到了张祖海、王立云等工作上的大力支持，在此一并感谢。

由于编者水平有限，难免有一些理论瓶颈和认识上的不足，请读者不吝赐教。而随着农业气象科学的不断发展，我们也将适时对本书进行修订。

编者

2017年3月

目录

CONTENTS

第一章 农业气象基础知识

本章主要介绍气温、降雨、温度、湿度、寒潮、风、冰雹、日照、干旱、洪涝等与气象有关和三基点温度、界限温度、积温、水分盈亏、农作物水分临界期等与农业气象有关术语和基础知识，概述气象灾害、农业气象灾害的定义及其发生发展情况、基本特点、基本规律等。

第一节　气象术语

一、气温

广义：气象学上把表示空气冷热程度的物理量称为空气温度，简称气温，气温度量单位以摄氏温标℃表示。

狭义：天气预报中所说的气温，是指在野外空气流通、不受太阳直射下测得的空气温度（一般在百叶箱中离地1.5 m高度处的温度表量得的空气温度)。

二、降雨和降水量

降雨是指在大气中冷凝的水汽以不同方式下降到地球表面的天气现象。

降水量：降落在地面上的降水未经蒸发、渗透和流失而积聚的深度，以毫米（mm）为单位。气象观测中取一位小数。降水分为液态降水和固态降水。

降水量等级划分：小雨（24 h雨量0～9.9 mm）、中雨（24 h雨量10～24.9 mm）、大雨（24 h雨量25～49.9 mm）、暴雨（24 h雨量50～99.9 mm）、大暴雨（24 h雨量100～249.9 mm）、特大暴雨（24 h雨量≥250 mm）。

三、湿度

湿度是表示空气中的水汽含量和潮湿程度的物理量。在一定温度下、一定体积的空气里含有的水汽越少，则空气越干燥；水汽越多，则空气越潮湿。

空气的干湿程度也叫作“湿度”。在此意义下，常用绝对湿度、相对湿度、比较湿度、混合比、饱和差以及露点等物理量来表示。日常中，多用相对湿度表示。

四、日照

日照是太阳在一地实际照射地面的时数，以小时为单位，取小数一位。一地实际日照时数受天气条件的影响，总是小于或等于可照时数。如测点四周有突出地形地物的遮蔽，则扣除地形地物遮蔽时间以后的实际日照时数，称为地形日照时数，它恒小于可照时数。

五、寒潮

寒潮是指冬半年来自极地或寒带的寒冷空气，像潮水一样大规模地向中、低纬度的侵袭活动。

寒潮袭击时会造成气温急剧下降，并可能伴有大风和雨雪天气，对工农业生产、群众生活和人体健康等都有较为严重的影响。

气象上（四川省），把每年3—4月、10—11月72 h内日平均气温连续下降8℃及以上，或12月到翌年2月72 h内日平均气温连续下降6℃及以上的降温天气过程称为寒潮。

六、风

风是由空气流动引起的一种自然现象。太阳光照射在地球表面上，太阳辐射热使地表温度升高，地表的空气受热膨胀变轻而往上升；热空气上升后，低温的冷空气横向流入，上升的空气因逐渐冷却变重而降落，由于地表温度较高又会加热空气使之上升，这种空气的流动就产生了风。

从科学的角度来看，风常指空气的水平运动分量，包括方向和大小，即风向和风速。风速的单位用米/秒（m/s）表示。根据风对地上物体所引起的现象将风的大小分为13个等级。风速与风力等级对照见表1.1。

表1.1　风速与风级对照表

风级	名称	风速（m/s）	陆地物象	水面物象
0	无风	0.0～0.2	烟直上，感觉没风	平静
1	软风	0.3～1.5	烟能表示风向 ，风向标不转动	微波峰无飞沫
2	轻风	1.6～3.3	感觉有风，树叶有一点响声	小波峰未破碎
3	微风	3.4～5.4	树叶树枝摇摆，旌旗展开	小波峰顶破裂
4	和风	5.5～7.9	吹起尘土、纸张、灰尘、沙粒	小浪白沫波峰
5	劲风	8.0～10.7	小树摇摆，湖面泛小波，阻力极大	中浪折沫峰群
6	强风	10.8～13.8	树枝摇动，电线有声，举伞困难	大浪到处飞沫
7	疾风	13.9～17.1	步行困难，大树摇动，气球吹起或破裂	破峰白沫成条
8	大风	17.2～20.7	折毁树枝，前行感觉阻力很大，可能伞飞走	浪长高有浪花
9	烈风	20.8～24.4	屋顶受损，瓦片吹飞，树枝折断	浪峰倒卷
10	狂风	24.5～28.4	拔起树木 ，摧毁房屋	海浪翻滚咆哮
11	暴风	28.5～32.6	损毁普遍，房屋吹走，有可能出现沙尘暴	波峰全呈飞沫
12	台风	32.7～36.9	陆上极少，造成巨大灾害，房屋吹走	海浪滔天

七、冰雹

冰雹也叫“雹”，俗称雹子，有的地区叫“冷子”，夏季或春夏之交最为常见。它是一些小如绿豆、黄豆，大似栗子、鸡蛋的冰粒。当地表的水被太阳曝晒气化，然后上升到了空中，许许多多的水蒸气在一起，凝聚成云，遇到冷空气液化，以空气中的尘埃为凝结核，形成雨滴，越来越大，大到上升气流托不住，就下雨了，遇到冷空气、凝结核，水蒸气凝结成冰或雪，就是下雪了，如果温度急剧下降，就会结成较大的冰团，也就是冰雹。

中国除广东、湖南、湖北、福建、江西等省冰雹较少外，各地每年都会受到不同程度的雹灾。尤其是北方的山区及丘陵地区，地形复杂，天气多变，冰雹多，受害重，对农业危害很大。猛烈的冰雹打毁庄稼，损坏房屋，人被砸伤、牲畜被砸死的情况也常常发生；特大的冰雹甚至比柚子还大，会致人死亡、毁坏大片农田和树木、摧毁建筑物和车辆等。冰雹具有强大的杀伤力，而雹灾是中国严重灾害之一。

八、雷暴

雷暴是指一部分带有电离子的云层与另一部分带异种电荷的云层接触，

或者是带电离子的云层对大地间迅猛地放电现象。其中后一种即云层对大地放电，则会对建筑物、人体、电子设备等产生极大危害，如何避免放电造成的危害是人类开展研究的主要对象。

雷暴的持续时间一般较短，单个雷暴的生命史一般不超过2 h。我国雷暴是南方多于北方，山区多于平原。多出现在夏季和秋季，冬季只在我国南方偶有出现。雷暴出现的时间多在下午。夜间因云顶辐射冷却，使云层内的温度层结变得不稳定，也可引起雷暴，称为夜雷暴。

九、干旱

通常指淡水总量少，不足以满足人的生存和经济发展的气候现象。干旱一般持续时间长，使供水水源匮乏，除危害作物生长、造成作物减产外，还危害居民生活，影响工业生产及其他社会经济活动。干旱从古至今都是人类面临的主要自然灾害。即使在科学技术如此发达的今天，它造成的灾难性后果仍然比比皆是。尤其值得注意的是，随着人类的经济发展和人口膨胀，水资源短缺现象日趋严重，这也直接导致了干旱地区的扩大与干旱化程度的加重，干旱化趋势已成为全球关注的问题。

十、洪涝

指因大雨、暴雨或持续降雨使低洼地区淹没、渍水的现象。洪涝主要淹没农田、毁坏环境与各种设施，危害农作物生长，造成作物减产或绝收、交通阻塞。其影响是综合的，严重时还会危及人的生命财产安全，影响国家的长治久安等。

洪涝灾害具有双重属性，既有自然属性，又有社会经济属性。它的形成必须具备两方面条件：（1）自然条件。气候异常，降水集中、量大。中国降水的年际变化和季节变化大，一般年份雨季集中在7月和8月，中国是世界上多暴雨的国家之一，这是产生洪涝灾害的主要原因。洪水是形成洪水灾害的直接原因。只有当洪水自然变异强度达到一定标准，才可能出现灾害。主要影响因素有地理位置、气候条件和地形地势。（2）社会经济条件。只有当洪水发生在有人类活动的地方才能成灾。受洪水威胁最大的地区往往是江河中下游地区，而中下游地区因其水源丰富、土地平坦又常常是经济发达地区。

十一、气象、天气与气候

气象：是指发生在天空中的风、云、雨、雪、霜、露、虹、晕、闪电、打雷等大气物理现象。

天气：某一地区在某一时间内（几分钟到几天）大气中气象要素和天气现象的综合。

气候：是指整个地球或其中某一个地区一年或一段时期的气象状况的多年特点。是大气物理特征的长期平均状态，具有稳定性。

气象与气候的区别：（1）天气是短时间的，气候是长期的。（2）天气具有多变性，气候则比较稳定。在同一时间内不同地区的天气不完全一样，同一地区不同时间内的天气也常常是不同的。气候一般比较稳定，而且一个地方的气候特征受其所在的纬度、高度、海陆相对位置等影响较大。例如：中国东部地区7月较为闷热；北方地区1月和2月多严寒（冰雪）天气；西北地区气候干旱，昼夜温差大，等等。（3）形成原因不同。天气由气团、锋影响形成；气候则在太阳辐射、大气环流、下垫面性质和人类活动长时间相互作用下形成。

气象与气候的联系：概括来讲，天气是气候的基础，气候是天气的总结和概括。

第二节　农业气象术语

一、三基点温度

三基点温度是作物生命活动过程的最适合温度、最低温度和最高温度的总称。它是最基本的温度指标，在确定温度的有效性、作物种植季节与分布区域，计算作物生长发育速度、光合作用潜力与产量潜力等方面，都有广泛应用。

在最适合温度下，作物生长发育迅速而良好。在最高和最低温度下，作物停止生长发育，但仍能维持生命，温度如果继续升高或降低，就会对作物产生不同程度的危害，直至死亡。常见作物的三基点温度（℃）见表1.2。

表1.2　常见作物的三基点温度

作物种类	最低温度（℃）	最适温度（℃）	最高温度（℃）
小麦	3～4.5	20～22	30～32
玉米	8～10	30～32	40～44
水稻	10～12	30～32	35～37
油菜	4～5	20～25	30～32

二、界限温度

农业界限温度：标志某些重要物候现象或农事活动开始、终止或转折点的温度。所谓“界限”，完全是从农业生产和气象条件的关系上划定的，农业气候上常用的界限温度及其农业意义为：

0℃：土壤冻结和解冻，越冬作物秋季停止生长，春季开始生长。春季0℃至秋季0℃之间的时段即为“农耕期”。低于0℃的时段为“休闲期”。

3～5℃：早春作物播种、喜凉作物开始生长、多数树木开始生长。春季3℃（5℃）至秋季3℃（5℃）之间的时段为冬作物或早春作物的生长期（生长季）。

10℃：春季喜温作物开始播种与生长，喜凉作物开始迅速生长，秋季水稻开始停止灌浆，棉花品质与产量开始受到影响。一般来说，春季开始大于10℃至秋季开始小于10℃之间的时段为越冬作物生长活跃期和喜温作物生长活动期。

15℃：初日为水稻适宜移栽期，棉苗开始生长期，终日为冬小麦适宜播种日期，水稻内含物的制造和转化受到一定阻碍。初终日之间的时段为喜温作物的适宜生长期和茶叶的可采摘期。

20℃：初日为热带作物开始生长时期，水稻分蘖迅速增长，终日是耐寒的水稻安全齐穗大秋作物灌浆的下限日期，对水稻抽穗开花开始有影响，往往导致空壳，初终日之间的时段为喜温作物旺盛生长期和耐寒的晚稻安全齐穗期，是热带作物的生长期，也是双季稻的生长季节。

三、积温

在一定温度范围内，当其他环境条件基本满足的情况下，作物发育速度主要受温度影响。研究温度对作物生长、发育的影响，既要考虑温度的强度，又要注意温度的作用时间。积温是某一时段内逐日平均气温之和。它是研究作物生长、发育对热量的要求和评价热量资源的一种指标，单位为℃·d，分为活动积温和有效积温两种。

活动积温：作物某个生育期或全部生育期内活动温度的总和，称为该作物某一生育期或全生育期的活动积温。

有效积温：活动温度与生物学下限温度之差，叫作有效温度。作物某个生育期或全部生育期内有效温度的总和。

负积温：把小于0℃的日平均气温累加称为负积温；

地积温：把某一深度的土壤温度日平均值累加，称为某一土层的地积温。

计算作物所需要的积温应注意两点：一是计算时段不宜按旬、月、季、年来划分，一般按作物生长、发育时期划分；二是作物发育的起始温度（又称生物学零度）不一定和0℃相一致，因作物种类、品种而异，而且同一作物，不同发育期也不相同，多数都在0℃以上。冬小麦春季恢复生长的温度是0～5℃，玉米发芽的温度是5℃，水稻、棉花在10℃左右开始出苗，番茄、黄瓜的出苗温度是15℃。

计算各种作物不同发育期积温时，应当从日平均温度高于生物学零度时累积，只有当日平均温度高于生物学零度时，温度因子才对作物的发育期起作用。

四、水分盈亏

水分盈亏量是降水量减去蒸发量的差值，反映气候的干湿状况。当水分盈亏量＞0时，表示水分有盈余，气候湿润；当水分盈亏量＜0时，表示水分有亏缺，气候干燥。

五、农作物水分临界期

作物一生中的需水量随生育进程而不断变化，同时也随气象条件而波动。不同生育期对水分的敏感程度是不同的，对水分敏感，即水分缺乏或过多对产量影响最大的时期，称为作物的水分临界期。

需水多少与敏感程度是不同的概念，因此临界期不一定是作物需水最多的时期，也不一定是需水关键期。作物水分临界期如果降水量适当且保证率高，就不是对产量影响最大的时期。

第三节　气象灾害

一、定义

气象灾害一般是指大气对国民经济建设、国防建设以及人类的生命财产等造成的直接或间接的损害，是自然灾害中的原生灾害之一。

中国是世界上自然灾害发生十分频繁、灾害种类甚多，造成损失十分严重的国家之一（潘洪先，2015）。

气象灾害一般包括天气、气候灾害和气象次生、衍生灾害。

天气、气候灾害是指因台风（热带风暴、强热带风暴）、暴雨（雪）、雷暴、冰雹、大风、沙尘、龙卷、大（浓）雾、高温、低温、连阴雨、冻雨、霜冻、结（积）冰、寒潮、干旱、干热风、热浪、洪涝、积涝等因素直接造成的灾害。

气象次生、衍生灾害是指因气象因素引起的山体滑坡、泥石流、风暴潮、森林火灾、酸雨、空气污染等灾害。

四川省主要气象灾害有暴雨、洪涝、干旱、高温、冰雹、雷电、寒潮、低温冷害、雾、霾、泥石流等（温克刚 等，2006）。

二、概述

全球气象灾害频发，给农业生产造成了严重影响，严重地威胁着人类赖以生存的水、粮食和生态环境等。根据有关资料和统计标准，如果将经济损失超过50亿美元和人员死亡超过10万作为大灾的标准，全球1901—1950年有大灾16次，1951—2000年有大灾30次，20世纪后50年大灾次数比前50年明显上升。从灾害种类分析，这46次大灾中，80％以上的灾害（地震除外）都同气候变化有直接或间接的关系，其中洪涝10次、飓风7次、干旱16次、地震9次、冻害2次、森林火灾2次。从灾害地域分析，这46次大灾的地区分布是中国15次、美国8次、印度4次、日本3次、孟加拉国3次、埃塞俄比亚2次、印尼2次、其他11个国家各1次。从损失主体分析，美国等发达国家的损失主要是造成昂贵的技术设施损毁等经济损失，而许多发展中国家的损失则主要体现在造成大量的人员死伤（刘彤 等，2011）。

我国地处季风气候区，受地理位置、地形、季风及人类活动的影响，天气气候条件年际变化很大，气象灾害发生十分频繁。在全球气候变暖的大背景下，气候波动增大引起大气环流变化加快、极端天气增加，异常天气现象非常突出，气象灾害事件发生的频率明显增大。根据有关统计，每年因气象灾害造成3.4×10^{7} hm^{2}农田受灾，经济损失大约占国民生产总值的3%至6%。特别是1995年以来，每年因气象灾害造成的直接经济损失均超过1000亿元，而1998年的直接经济损失更是高达3000亿元。

第四节　农业气象灾害

一、定义

农作物生长发育需要一定的气象条件，当气象条件不能达到要求时，作物的生长和成熟就会受到影响。因此，一般将农业生产过程中导致作物显著减产、歉收的不利天气或气候异常的总称定义为农业气象灾害。

气象灾害与农业气象灾害的区别在于：气象灾害不一定会威胁到农业或造成损失，而农业气象灾害一定是由气象灾害引起，两者是一种递进关系。例如寒潮、倒春寒等，在气象上是一种天气气候现象或过程，不一定造成灾害，但当它们威胁到农作物的生长、成熟时，会造成冻害、霜冻、春季低温冷害等农业气象灾害。

二、概述

农业气象灾害在历史上就是农业生产的重大威胁，它的影响通常都是大范围的，每年都有几亿亩农田受灾。随着技术集约度和农业资本的提高，灾害损失更为集中和凸显，经济越发达的地区造成的灾害损失越大。

农业气象灾害的发生及其危害有明显的地域性和很强的季节性。根据有关资料，对农业危害最大的气象灾害是洪涝和干旱，除此之外在温度方面有霜冻害、冷害、冻害和热害，在水分方面有涝灾、湿害、干旱、雪害、冰雹等，在风的方面有台风、大风等（王春乙 等，2007）。

近年来，我国农业气象灾害呈现出以下特点：一是小灾次数减少，大灾次数增加，灾害发生的间隔时间越来越短；二是成灾面积不仅没有减少，反而有所扩大，直接导致农业成灾率上升；三是大灾之后造成的经济损失越来越大。

第二章

纳溪区情况概述

本章主要介绍纳溪区地理位置、地形特征，分析、概述纳溪区各气象要素、各月份气候特征、主要气象灾害，以及纳溪区农民收入、产业发展、农村改革、品牌建设、基础设施、粮食生产、茶叶生产、水果生产、蔬菜生产等农业农村有关情况。

第一节 地理位置

泸州市纳溪区位于四川盆地南部，长江之南，永宁河下游两岸，东连合江县，南接叙永县，西界江安县，北邻泸州市江阳区。地理坐标为28° 02′ 14″～28° 26′ 53″ N，105° 09′ ～105° 37′ E，东西宽41 km，南北长46 km，全区辖区面积1150.22 km^2。辖大渡口、护国、打古、上马、合面、丰乐、白节、天仙、棉花坡、新乐、渠坝、龙车12个镇及安富、永宁、东升3个街道办事处，全区176个村民委员会，1838个村民小组，22个城市社区，21个农村社区。

第二节 地形特征

纳溪区南高北低，平坝、丘陵、低山兼有，海拔在225～962 m，全区最高点在打古镇普照山白土岩。区境内有条形山脉两支，均东西走向。一支横穿区境中部，东从合江入境，经白节镇大旺、天仙镇乐登、大渡口镇和丰乐向江安方向延伸，海拔在500 m以上，东部高于西部，境内绵延40 km多；一支横亘区境南部打古镇、上马镇、合面镇文昌，蜿蜒30 km多，海拔在450 m以上。区境内有大小溪河130余条，总长度640 km多。长江流经区境25.1 km，经大渡口镇、新乐镇、纳溪区城区流入江阳。永宁河是区境长江最大支流，纵贯区域中部，经上马、护国、渠坝、天仙、城区注入长江，境内流长50.1 km（见图2.1）。

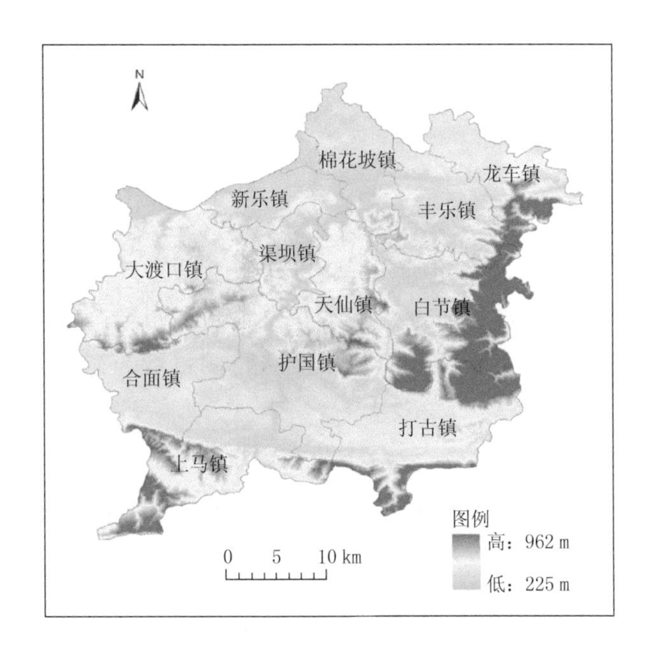

图 2.1　纳溪区地理地形图

第三节　气候特征

纳溪区属亚热带湿润性季风气候，四季分明、气候温和、雨量充沛。根据1981—2010年多年气候资料统计：纳溪区年平均气温为17.6℃，年降水量为1136.6 mm，年日照为1144.9 h；历年极端最高气温为42.1℃(2011年)、历年极端最低气温为-2.0℃；无霜期长达363 d，冬无严寒，夏无酷暑。全年有0℃以上活动积温为6396.8℃・d，10℃以上活动积温为5552.1℃・d。

一、各气象要素概况

（一）气温

纳溪区年平均气温为17.6℃，历年平均气温最高气温为21.2℃，历年平均最低气温为14.9℃。气温的季节分布是冬冷夏热，其中最热月7—8月，平均气温为26.6℃；最冷月为1月，平均气温为7.4℃。气温年较差平均为19.2℃。冬季（12月—翌年2月）平均气温为8.6℃，春季（3—5月）平均气温为17.8℃，夏季（6—8月）平均气温为25.7℃，秋季（9—11月）平均气温为18.1℃。

按气候学标准，候平均气温低于10℃为冬季，10～22℃为春季，高于22℃称夏季，22～10℃为秋季。根据多年气候资料统计，纳溪区通常在每年2月第五候入春，雨水刚到、春暖花开、万物复苏；5月第四候入夏；9月第五候入秋；12月第二候入冬。

（二）积温

纳溪区热量资源充足，全年日平均气温都在0℃以上。多年0℃平均活动积温6396.8℃·d；稳定通过5℃初日至终日的日数为361 d，累计活动积温为6336.5℃·d；稳定通过10℃初日至终日的日数为235 d，累计活动积温为5552.1℃·d；稳定通过20℃初日至终日的日数为126 d，累积活动积温为3163.6℃·d。

（三）降水量

纳溪区年平均降水量为1136.6 mm，年最多降水量为1547.2 mm，出现于1991年；年最少降水量为850.6 mm，出现于1995年；汛期（5—9月）降水量为776.1 mm，占全年总降水量的68%。

纳溪区夏季降水量高度集中。从四季分配看，夏季（6—8月）雨量为514.9 mm，占年总量45%；冬季（12月—翌年2月）降水量为90.6 mm，占年总量8%；春季（3—5月）降水量为274.9 mm，占年总量24%；秋季（9—11月）降水量为256.2 mm，占年总量23%。

（四）日照

纳溪区年平均日照1144.9 h，日照百分率25%，日照百分率≥60%的日数为77 d。

从月际分布看，4—9月日照相对充足，占年总量74%左右，尤其7—8月每月更是在170 h以上；冬季日照最少，占年总量10%左右，月总量仅32—47 h。最多月日照时数为8月182.8 h，最少为12月32.4 h。

（五）空气湿度

纳溪区年平均相对湿度84%。秋季（9—11月）、冬季（12月—翌年2月）较大，其中10月—翌年1月平均相对湿度87%～88%；春季（3—5月）较小，月平均相对湿度79%～81%。其日变化与气温日变化相反，一般最大值出现在凌晨，最小值出现在午后。

（六）雾日

纳溪区年平均雾日65.3 d，雾日最多年达96 d，雾日最少年为22 d。一年中以10月—翌年1月雾日较多，月平均8—10 d；2—9月雾日较少，月平均3—5 d。

二、各月气候特征

（一）1月气候特征

1月平均气温为7.4℃，极端最高气温为19.7℃，极端最低气温为－2.0℃，平均降水量为29.0 mm，平均日照时数为32.7 h。平均累年最低气温≤2.0℃日数有1.9 d，平均累年最低气温≤0.0℃日数有0.3 d，气温日较差为4.2℃，平均日降水量≥0.1 mm日数为13.2 d。中旬为一年中最冷时段。

（二）2月气候特征

2月平均气温为9.5℃，极端最高气温为24.1℃，极端最低气温为0℃，平均降水量为30.7 mm，平均日照时数为46.9 h。平均累年最低气温≤2.0℃日数有0.4 d，气温日较差为4.9℃，平均日降水量≥0.1 mm日数为11.9 d,下旬入春。

（三）3月气候特征

3月平均气温为13.4℃，极端最高气温为32.0℃，极端最低气温为1.1℃，平均降水量为48.7 mm，平均日照时数为85.8 h。平均累年最低气温≤2.0℃日数有0.1 d，气温日较差为6.4℃，日降水量≥0.1 mm日数为14.3 d，日降水量≥25.0 mm日数为0.1天。

（四）4月气候特征

4月平均气温为18.2℃，极端最高气温为34.4℃，极端最低气温为6.2℃，平均降水量为83.0 mm，平均日照时数为119.0 h。气温日较差为7.8℃，日降水量≥0.1 mm日数为15.0 d，日降水量≥25.0 mm日数为0.4 d，日降水量≥50.0 mm日数为0.1天。

（五）5月气候特征

5月平均气温为21.9℃，极端最高气温36.6℃，极端最低气温为9.7℃，平均降水量为143.2 mm，平均日照时数为136.1 h。气温日较差为8.1℃，日最高气温≥35.0℃日数为0.3 d，日降水量≥0.1 mm日数为16.1 d，日降水量≥25.0 mm日数为1.3 d，日降水量≥50.0 mm日数为0.4 d，日降水量≥100.0 mm日数为0.1 d，常为5月下旬入夏。

（六）6月气候特征

6月平均气温为24.0℃，极端最高气温为37.8℃，极端最低气温为14.8℃，平均降水量为173.7 mm，平均日照时数为117.8 h。气温日较差为7.3℃，日最高气温≥35.0℃日数为0.4 d，日降水量≥0.1 mm日数为17.4 d，日降水量≥25.0 mm日数为1.7 d，日降水量≥50.0 mm日数为0.5 d，日降水量≥100.0 mm日数为0.1 d。

（七）7月气候特征

7月平均气温为26.6℃，极端最高气温为38.7℃，极端最低气温为17.6℃，平均降水量为188.3 mm，平均日照时数为179.9 h。气温日较差为8.2℃，日最高气温≥35.0℃日数为4.6 d，日最高气温≥37.0℃日数为0.7 d，日降水量≥0.1 mm日数为14.4天，日降水量≥25.0 mm日数为2.2 d，日降水量≥50.0 mm日数为0.8 d，日降水量≥100.0 mm日数为0.2 d。

（八）8月气候特征

8月平均气温为26.6℃，极端最高气温为40.2℃，极端最低气温为17.8℃，平均降水量为152.9 mm，平均日照时数为182.8 h。气温日较差为8.4℃，日最高气温≥35.0℃日数为5.8 d，日最高气温≥37.0℃日数1.9 d，日最高气温≥40.0℃日数为0.1 d，日降水量≥0.1 mm日数为12.0 d，日降水量≥25.0 mm日数为2.0 d，日降水量≥50.0 mm日数为0.6 d，日降水量≥100.0 mm日数为0.1 d。

（九）9月气候特征

9月平均气温为22.8℃，极端最高气温为40.1℃，极端最低气温为13.4℃，平均降水量为118.0 mm，平均日照时数为106.1 h。气温日较差为6.8℃，日最高气温≥35.0℃日数为1.1 d，日最高气温≥37.0℃日数为0.3 d，日最高气温≥40.0℃日数为0.1 d，日降水量≥0.1 mm日数为14.9 d，日降水量≥25.0 mm日数为1.0 d，日降水量≥50.0 mm日数为0.4 d，常为9月下旬入秋。

（十）10月气候特征

10月平均气温为17.8℃，极端最高气温为33.0℃，极端最低气温为6.1℃，平均降水量为86.4 mm，平均日照时数为54.2 h。气温日较差为5.0℃，日降水量≥0.1 mm日数为18.0 d，日降水量≥25.0 mm日数为0.2 d。

（十一）11月气候特征

11月平均气温为13.7℃，极端最高气温为25.3℃，极端最低气温为1.7℃，平均降水量为51.8 mm，平均日照时数为51.2 h。气温日较差为4.9℃，日降水量

≥0.1 mm日数为13.3 d，日降水量≥25.0 mm日数为0.1 d。

（十二）12月气候特征

12月平均气温为8.8℃，极端最高气温为18.3℃，极端最低气温为-2.0℃，平均降水量为30.9 mm，平均日照时数为32.4 h。平均累年最低气温≤2.0℃日数为0.9 d，平均累年最低气温≤0.0℃日数为0.1 d，气温日较差为4.0℃，平均日降水量≥0.1 mm日数为12.7 d，常在12月上旬入冬。

三、主要气象灾害

影响纳溪区的气象灾害主要有暴雨洪涝、连阴雨、干旱、高温、大风、冰雹、雷电、寒潮、低温、霜冻、雾、霾等，而尤以干旱、暴雨洪涝影响最为严重。据1981—2010年累年资料统计：纳溪区年平均暴雨日数为2.8 d（日降水量≥50 mm），年平均大暴雨日数为0.5 d（日降水量≥100 mm）；年平均高温日数为12.2 d（气温≥35.0℃）；年平均雷暴日数为31.6 d；年平均大风日数为2.0 d；年平均霜日数为1.8 d。

气象灾害季节分布明显，春、夏两季较频繁，秋季次之，冬季最少。夏季受西太平洋副热带高压影响，主要气象灾害是暴雨洪涝、干旱、高温、冰雹等。春秋两季是冬夏的过渡季节，冷暖空气活动频繁。春季气温变化最大，主要气象灾害是低温、连阴雨、大风、冰雹等。秋季气象灾害主要以绵雨和雾为主。冬季受北方南下冷空气影响，阴冷天气多，主要气象灾害是雾、低温、霜冻等。

根据资料统计显示，纳溪区从1950年开始灾害有呈增多趋势。如1951—1990年40年中，各种灾害都比前半世纪多；20世纪60年代比50年代多，70年代比60年代多，80年代比70年代多；20世纪最后10年中，洪灾、干旱加剧。

第四节　农业农村概况

纳溪区农业素有精耕细作的传统，粮食作物中水稻、玉米、小麦、红苕、马铃薯、大豆、高粱等种植优势明显，尤以水稻最为突出。经济作物有茶叶、油菜、花生、蔬菜、水果、花卉、甘蔗等，资源丰富、种类繁多。

一、农民收入

据2015年统计数据，全区农村居民人均可支配收入12607元，同比增长

10.4%，被表彰为全省“三农”工作先进县区。

二、产业发展

做优酒业、林业、茶叶、旅游等百亿产业。酒产业以“中国酒镇·酒庄”项目建设为核心，推进三产融合发展，壮大白酒关联产业，带动种植酿酒高粱8.5万亩*。大力发展生态种植、林下养殖和森林旅游，新（改）建竹基地6.5万亩、珍稀树木基地2.1万亩，被表彰为“四川省林业产业先进集体”。茶产业坚持“特早、有机”定位，新建特早茶基地1.4万亩，特早茶与西湖龙井结为“姊妹茶”。旅游业按照“全域旅游”理念，大力发展休闲农业和乡村旅游，全区乡村旅游接待游客300万人次，实现收入约4.1亿元。

三、农村改革

农村产权制度改革进入全面审核阶段，农村承包地确权10.28万户，宅基地和农房确权利用不动产统一登记契机合并登记确权。列入全省首批农村产权抵押融资试点县区，成功发放农村产权抵押融资贷款200万元，累计发放土地流转收益保证贷款8620万元。

四、品牌建设

成功创建省级质量强市示范城市，列入创建“全国有机产品认证示范区”和“省级食品安全示范县（区）”，培育市级龙头企业5家；省市级示范专合社13个。新增绿色食品4个，无公害农产品19个，有机产品33个，“酒城贡芽”茶和“杉树湾”土鸡等省著名商标2个。顺利承办“中国·四川第三届茶叶开采活动周”“四川省第六届乡村文化旅游节”，被认定为“全国休闲农业与乡村旅游示范县”。

五、基础设施

大力实施以“水、电、路、污+危旧房改造”为重点的基础设施配套。全区解决农村1万人安全饮水，实施农村电网改造1034 km，新建通乡、通村公路48.6 km，新建农村污水处理站8个、垃圾回收站18个，改造农村危房2400户。加

---

* 1亩 = $\frac{1}{15}$ hm^2，下同。

强“小农水”设施建设，纳溪区被评为“全省农田水利基本建设先进单位”。

六、粮油

全年粮油播种面积53万亩，其中高粱种植面积达8.5万亩，优质稻种植面积达26万亩，油菜籽播栽面积达4万亩，实现粮油总产达22.1万t。打造板栗苕种基地1000余亩，培育种植大户和手工苕粉生产户，建成标准化苕粉生产线。

七、百亿茶业

立足“特早、有机”优势，打破乡村辖区界限，形成“一核、两区、四带、一园区”产业发展格局。新创建中国特早茶万亩示范区2个，新建茶园1.4万亩，6个特早茶核心区创建为省级“万亩亿元示范区”，“瀚源”基地成功打造为全省“第二大有机茶基地”。全区实现茶园总面积达27万亩，投产面积达15万亩，产量达1.2万t，实现综合产值25亿元。3月，成功举办“中国·四川第三届茶叶开采活动周暨中国特早茶——纳溪区品牌推介会”开幕仪式、采茶技能大赛。

创新促进茶旅融合发展，依托茶产业基地，茶园套种观赏树、水果等，有机融入茶文化、酒文化，推进“天仙硐产城村一体示范区”建设；启动集精品基地、精深加工、产品交易、茶文化展示、茶旅游于一体的泸州茶产业科技园区规划、选址等前期工作；推进瀚源、凤岭精品特早茶庄建设。

八、精品果业

全区形成以护国柚、天仙枇杷、甜橙、猕猴桃、葡萄等特色水果为主的果业结构。全年水果总面积达到12.65万亩，总产量达4.8万t，总产值达3.8亿元。其中护国柚面积5.3万亩，投产面积2.8万亩，产量达1.9万t，产值达1.4亿元；甜橙面积达3.5万亩，产量达2.1万t，产值达0.8亿元；枇杷面积达1.2万亩，产量达0.3万t，产值达0.6亿元。护国柚、甜橙、枇杷均比上年增产10%以上。在大渡口镇、新乐镇、渠坝镇等共建成葡萄园、草莓园、桃李园等观光园区1000余亩；完善护国柚的农产品质量追溯体系，并与专合社签订《护国柚地理标志使用许可协议》。

九、绿色蔬菜

全年蔬菜播种面积11.15万亩，产量达22.25万t，比上年分别增长1.1%、

3.3%，保障市民蔬菜供给。新建成高标准蔬菜基地800余亩、标准蔬菜大棚400余亩、蔬菜育苗的光伏玻璃温室大棚1座。整合打捆农业项目资金，推动白节镇现代农业（蔬菜）万亩示范区、三江现代农业示范园建设，以果品、蔬菜为基点推广观光采摘休闲农业、现代种植技术，增加果品蔬菜经济效益，已建成现代农业蔬菜万亩示范区1个（陈小平 等，2016）。

第二章

影响纳溪区的农业气象灾害

本章主要介绍暴雨洪涝、连阴雨、干旱、高温、大风、冰雹、寒潮、低温、霜冻等气象灾害在纳溪区发生的特点及可能对农业生产造成的影响，介绍发生在纳溪区境内的历史农业气象灾害和个例。

第一节　气象灾害对农业生产的影响

纳溪区农业气象灾害主要有暴雨洪涝、连阴雨、干旱、高温、大风、冰雹、寒潮、低温、霜冻等，气象灾害往往诱发更多次生灾害，如持续性强降雨会导致江河洪水泛滥并引发山体滑坡、崩塌等地质灾害，大面积持续干旱、洪涝、连续高温或低温则会导致农牧业严重受损、疾病流行等（胡长书，2011）。以下是一些常见的气象灾害及对农业生产影响的概述。

一、暴雨洪涝对农业生产的影响

暴雨洪涝在纳溪区发生频率较高、危害较重，每年都会对农业生产造成影响和损失。发生时段一般在4—10月，而6—8月居多，占75.5%，其中6月占21.7%，7月占29.2%，8月占24.9%。

暴雨洪涝对农业造成的危害主要表现为拍打危害、渍涝危害、洪涝灾害三个方面。

二、连阴雨对农业生产的影响

连阴雨是指日降水量≥0.1 mm、连续3—5 d以上的降水。连阴雨四季都可能出现，不同季节的连阴雨对农业造成的影响不同，以春、秋两季的连阴雨对农业生产影响较大，其中秋季连续7 d或以上日降水量＞0.1 mm的降水称为秋绵雨。

连阴雨有时会导致湿害，但更多的往往会因长时间缺少光照，植株体光合作用削弱，加之土壤和空气长期潮湿，造成作物生理机能失调、感染病害，导致生长发育不良；作物结实阶段的连阴雨会导致子实发芽、霉变，使农作物产量和质量遭受严重影响。

连阴雨灾害发生程度的年际间差异较大，常导致洪涝、寡照、低温、湿、渍等灾害。同时，连阴雨还易诱发喜温、喜湿的作物病虫害发生发展。

三、干旱对农业生产的影响

干旱是指长时期降雨偏少，造成空气干燥、土壤缺水，使农作物和牧草体内水分亏缺，影响农作物播种，影响农作物正常生长发育，导致农牧业减产以及河流干涸、人畜饮水困难、林区植被干燥，森林火险气象等级攀升。

气象干旱是指在连续20 d或30 d内，降水量持续偏少到一定程度的天气现象。

按干旱出现的季节，将干旱分为春旱、夏旱、伏旱、秋旱和冬旱。具体标准见表3.1。

表3.1　季节性干旱标准

春旱	连续30 d总降水量小于20 mm，一般发生在3—4月
夏旱	连续20 d总降水量小于30 mm，多发生在5—6月
伏旱	连续20 d总降水量小于35 mm，出现在7—8月
秋旱	连续30 d总降水量小于20 mm，一般发生在9—11月
冬旱	连续30 d总降水量小于4 mm，一般发生在12—2月

纳溪区部分年份出现冬旱或冬旱连春旱，导致土壤底墒减少，对越冬作物生长发育不利，对大春作物播栽带来较大影响。在7月中旬开始到8月，经常出现中等强度伏旱；夏季虽然降水量大，但降雨往往集中在一次或几次暴雨中，短时间内总的降水量大于同期作物需水量，导致作物对降雨的有效利用率低，

加之此期间气温高、蒸发量大，所以易发生旱情。纳溪区出现秋旱的概率也较高，直接影响作物的浇灌和播种，对油菜、小麦等越冬作物的出苗、齐苗、壮苗不利。

四、高温对农业生产的影响

高温是指日平均气温≥30℃，或日最高气温达35℃以上的炎热天气现象，达到或超过37℃称为酷暑。一般出现在7—8月，而在晴朗少云、风速较小的午后易出现极端最高值，9月有时也会出现高温天气，即所谓“秋老虎”。

对农作物生长而言，高温气象灾害并不只是气温35℃以上才带来危害。农作物生长和发育过程中，根据作物种类和品种的不同，要求的温度不同。对温度而言，有生命温度范围、生长温度范围和发育温度范围。每一种温度范围又分成最适温度、下限温度和上限温度。当温度上升到一定值，作物将停止生长以至死亡时的界限温度就称为上限温度。如水稻发芽时，可忍受40～42℃的高温，但超过45℃时，谷芽会被高温烧死，俗称为“烧包”；晚稻移栽时田间水温持续4至5天达45℃以上，秧苗就会被高温“煮”死。柑橘、脐橙类盛花期日最高气温连续3天超过33℃，会造成高温伤花，花而不实；果实膨大期日平均气温≥30℃，日最高气温≥35℃，果面温度≥45℃会引起日灼。

当高温和干旱灾害同时出现，则更加剧对农作物的危害程度，对农业造成巨大的经济损失，同时也对电力和居民日常生活带来不同程度的危害和影响。

五、大风对农业生产的影响

平均风速≥13.9 m/s或阵风≥17 m/s的风称为大风。大风对纳溪区农作物的危害主要表现在机械损伤和生理危害两方面。

六、冰雹对农业生产的影响

冰雹是一种坚硬的球状、锥状或形状不规则的固态降水，常伴随雷暴出现。多出现在3、4月，其次是7、8月。冰雹的危害最主要表现在冰雹从高空急速落下，发展和移动速度快、冲击力大，再加上猛烈的暴风雨，使其摧毁力得到增强，让农民猝不及防，直接威胁人畜生命安全，有时还导致地面的人员伤亡。直径较大的冰雹会给正在开花结果的果树、玉米、蔬菜等农作物造成毁灭性的破坏，造成粮田的颗粒无收，常使丰收在望的农作物在顷刻之间化为乌有，同时还可毁坏居民房屋。

七、寒潮、低温、霜冻对农业生产的影响

寒潮是大规模的冷空气活动。因此，寒潮侵袭时，天气会发生剧烈的变化。一般来说，冬季最突出的是冷锋过境时温度下降，风向剧变，锋后往往有强大的偏北风；寒潮过境后，气温骤然下降，降温可持续一天至数天。

霜是贴近地面的空气受冷平流或地面辐射冷却影响而降到霜点以下，所含水汽的过饱和部分在地面或近地面部分物体上凝华而成的冰晶。霜冻是在春、秋转换季节时，夜晚近地面气温短时间降到0℃以下，致使作物受到损害的一种低温冷害现象。每年秋季第一次出现的霜冻叫作初霜冻，翌年春季最后一次出现的霜冻叫作终霜冻，初终霜冻对农作物的影响都较大。

寒潮来临带来强降温或是霜冻，对越冬农作物很不利，低温冻害可能冻死农作物，导致来年减产。大风、霜冻、降雪会损坏树木（果树），影响来年产量。

第二节　纳溪区历史上的农业气象灾害

纳溪区境内的各种农业气象灾害都曾有发生，而以干旱、暴雨洪涝、冰雹最重（张平元 等，2008）。

一、历史上的干旱

干旱是境内危害较大、影响农业生产较重的一种灾害性天气之一。其中，伏旱、春旱，各五年三遇；夏旱、秋旱较少，各五年一遇（见表3.2）。

表3.2　纳溪区历史上严重干旱情况统计

年份	干旱类型	出现时间	简况
1924	伏旱	7月	无透雨，一片焦土，地无收，树木干死
1933	夏旱		无透雨，田土龟裂，秋粮无收
1935	春旱	4月	春播无法进行，端午后下雨开始播种
1936	夏旱	6月	无透雨，田土龟裂，秋粮无收
1937	夏旱	7月	无透雨，旱后下大雨，冲毁万亩农田
1941	夏旱	6月	稻田大部分干裂
1950			大旱，永宁河水只有7个流量
1952	春旱	2月下旬	无透雨，粮食减产

续表

年份	干旱类型	出现时间	简况
1953	冬旱	11月	持续150 d
1958	伏旱	8月	无透雨
1960	春旱 春旱 伏旱	2月 4月 7月	无透雨，水稻点播，粮食减产47% 全面总雨量为25年来最少的一年 无透雨
1963	春旱 伏旱	2月 7月	无透雨，农作物推迟季节，减产5% 无透雨
1966	春旱 伏旱	2月 7月	无透雨 无透雨
1969	春旱 春旱 夏旱 伏旱	2月 4月 6月 8月	无透雨 无雨 无雨 无雨，粮食减产20%
1972	春旱 伏旱	2月 7月	无透雨 无透雨，粮食减产8%
1975	春旱 伏旱 伏旱	3月 7月 8月	无雨 无雨 无雨
1976	春旱 伏旱	3月 7月	无透雨，农作物播种推迟 无透雨，粮食减产7%
1978	春旱 伏旱	2月 8月	无透雨 无透雨
1980	春旱 夏旱 伏旱	3月 5月 8月	无透雨 无雨 无透雨
1982	春旱 夏旱 伏旱	3月 4月 7月	无雨 无透雨 无透雨
1983	伏旱	7月15日	持续22 d，总降水量34.4 mm
1984	夏旱	6月7日	持续24 d，总降水量28.7 mm
1986	夏旱 伏旱	4月20日 7月26日	持续23 d，总降水量24.4 mm。旱死秧苗800余亩，田干裂2.7万亩 持续24 d，总降水量20.7 mm。全县50%的稻田断水，25%的田干裂
1987	伏旱	8月20日	持续25 d，总降水量24.3 mm

续表

年份	干旱类型	出现时间	简况
1989	夏旱 伏旱	5月23日 7月29日	持续22 d，总降水量26 mm 持续21 d，总降水量33.2 mm
1990	夏旱 伏旱	4月24日 8月19日	持续21 d，总雨量24 mm，经济损失550多万元 持续23 d，总降水量1.7 mm
1991年	春旱 伏旱	2月23日 7月10日	持续30 d，总降水量5.6 mm 持续20 d，总降水量34.6 mm
1992	春旱 夏旱 伏旱 秋冬旱	1月 5月21日 7月14日 10月29日	持续33 d，总降水量9.5 mm 持续22 d，总降水量20.2 mm 持续71 d，总降水量57.3 mm。23万人饮水困难，经济损失1141.5万元 持续63 d，总降水量18.1 mm
1993	夏旱 冬旱	5月6日 12月	持续54 d，降水量55.7 mm。18万人饮水困难，79%的田块干裂，经济损失519万元 持续71 d，降水量22 mm
1994	夏旱 夏旱 伏旱	4月26日 5月27日 7月12日	持续27 d，降水量22.2 mm 持续20 d，降水量28 mm。减少稻谷944万kg，经济损失755.2万元 持续32 d，降水量43 mm。
1995	春旱 春旱 夏旱 伏旱 伏秋旱	2月26日 4月4日 4月21日 7月11日 8月13日	持续32 d，降水量14.5 mm 持续27 d，降水量17 mm 持续22 d，降水量28 mm 持续26 d，降水量30 mm。竹子树木干死，经济损失450万元 持续33 d，降水量36 mm
1996	春旱 伏旱	2月1日 8月12日	持续36 d，降水量14.5 mm 持续31 d，降水量34 mm
1997	春旱 伏旱连秋旱	2月25日 7月15日	持续33 d，降水量14 mm 持续60 d，降水量62 mm。大小溪河断流达80%，60年以来特大旱灾。经济损失538万元。
1998	冬旱 春旱 秋冬连春旱	1月20日 2月7日 7月21日	持续47 d，降水量23 mm 持续46 d，降水量24 mm 持续274 d，降水量383 mm。全区缺水场镇10个。130余条溪河除永宁河外，全部断流，经济损失1500万元
1999	冬、春连旱 夏旱	1月12日 5月27日	持续55 d，降水量24 mm 持续20 d，降水量23 mm
2000	夏旱 秋冬连春旱	4月27日 10月1日	持续27 d，降水量27.3 mm 持续203 d，降水量203 mm。大部分田块断水开裂

续表

年份	干旱类型	出现时间	简况
2001	夏旱 伏旱 冬旱	5月10日 6月30日 12月14日	持续22 d，降水量26 mm，部分分田块断水开裂 持续31 d，降水量20 mm 持续35 d，降水量9.6 mm
2002	春旱	3月18日	持续22 d，降水量13 mm
2004	伏旱	7月10日	持续26 d，降水量33.6 mm
2006	春旱 伏旱	3月14日 7月8日	持续40 d，降水量18.7 mm 持续43 d，降水量18.7 mm，8.51万人饮水困难，经济损失1381万元
2007	冬春连旱 夏旱 伏旱	2月1日 5月1日 7月24日	持续42 d，降水量17.1 mm 持续20 d，降水量21.8 mm 持续28 d，降水量29.2 mm
2009	冬旱 伏旱 秋旱	2008年12月—2009年2月 8月6日 9月	冬季降雨距平为-41% 持续23 d，降水量20.3 mm 月降雨距平为-75%
2010	伏旱	7月23日	持续29 d，降水量32.8 mm
2011	伏旱连秋旱	7月14日	持续至9月30日，严重干旱，直接经济损失874.8万元
2012	伏旱	7月4日	持续28 d
2013	冬春连旱 伏旱	上年12月 7月6日	持续至3月29日，直接经济损失1401.8万元 持续26 d，降水量24.0 mm
2014	伏旱	7月4日	持续28 d，降水量26.2 mm

二、历史上的暴雨洪涝

因暴雨引发洪涝是造成纳溪区农业生产损失最为频繁的农业气象灾害之一。1960年至1985年，境内暴雨洪涝，平均五年二遇。其中，1960年至1968年平均三年一遇，1979年至1983年平均一年一遇。1986年至1993年发生洪涝灾害10次，其中，1991年发生洪涝3次。1994年至2015年暴雨次数较多，其中1998年发生洪涝4次，2000年遭百年未遇特大暴雨，并造成洪灾，1998年发生洪涝4次，2012年长江遭几十年一遇洪峰（见表3.3）。

表3.3　纳溪区境内严重洪涝情况统计

年份	出现时间	降水量（mm）	简况
1914	6月		永宁河水暴涨，沿河两岸损失很重
1917	7月21日		长江洪水入城，滨江街水深丈余

续表

年份	出现时间	降水量（mm）	简况
1920	7月19日		文昌岩溪水暴涨，冲毁民房70余间，死1人
1931	8月3日		永宁河大水，上马场街房淹没，死2人，灾民609人，四川省定为二等灾
1937			长江洪水猛涨，淹没房屋数百间
1944			长江、永宁河水暴涨，冲毁农田数千间
1951	3—4月		连降暴雨，溪水猛涨，农田被淹，受灾群众5300余人
1955	7月		永宁河大水，冲毁农田数千亩
1956	8月		长江洪水入县城,水深0.67m
1958	8月		永宁河洪水，川滇公路流沙岩一线淹没，水深2m。
1962	7月8日	119.5	永宁河大水，沿河农田淹没
1966	9月2日		长江水位248 m，安富镇十字口一带淹没
1968	7月3日 8月25日	225.2 191.4	淹没农田数千亩。安富桥、高洞一线公路被淹没 数千亩农田再次被淹没
1979	9月20日	103.1	部分地区成灾
1980	7月30日	102.7	部分地区成灾
1981	8月3日	101.7	部分地区成灾
1982	5月30日	100.7	部分地区成灾
1983	5月24日 7月12日	194.6 117.6	数万亩农田淹没，房屋倒塌82间，死1人，伤2人，死牲畜274头 部分地区成灾
1985	5月16日 7月1日 7月9日 8月31日	 131.0 61.6 119.0	上马区洪灾，冲毁水库4座、小水电站4座，公路塌方54处 上马、护国两区冲毁农田1.1万亩，垮房52间，经济损失80余万元 花果乡暴雨，溪流猛涨，死1人，伤2人 受灾338户，冲毁稻田5.4万亩
1986	7月23日		永宁河水陡涨，沿河两岸遭受特大洪涝灾害
1988	5月5日 7月29日	 185	上马、护国、白节、丰乐等4个区13个乡镇，连遭大风、冰雹、大暴雨袭击，死亡1人，房屋倒塌309户670间，11所小学停课 永宁河发生30未遇的特大洪灾，死亡3人，倒塌农房476间，伤13人
1989	7月27日	163	大暴雨，死亡4人，伤15人，损失1052.2万元
1990	7月30日		局部地区遭受大暴雨

续表

年份	出现时间	降水量（mm）	简况
1991	6月10日 6月30日 8月10日 8月23日	 257.9 151.8	局部遭受大暴雨袭击，经济损失2000万元 死亡1人，伤6人，倒塌农房462间，经济损失989万元 长江大洪水，死亡2人，伤137人，经济损失8060万元 大暴雨，死亡3人，经济损失1000万元
1992	5月2日 7月13日		大风、冰雹、暴雨，经济损失333万元 大风、暴雨、经济损失870万元
1993	4月30日		大风，局部冰雹，暴雨，经济损失832.3万元
1995	5月31日	124	局部大暴雨，因洪灾经济损失1272.8万元
1998	7月7日 7月14日 8月3日 8月28日		长江第一次洪水位为243.63 m，大渡口发生一起沉船事件，死2人 长江第二次洪水位245.028 m，经济损失850万元 长江第三次洪水位244.23 m 长江第四次洪水位243.93 m
2000	9月24日		百年未遇特大暴雨，死1人，伤4人，经济损失1100多万元
2002	8月9日		全区性暴雨，局部大暴雨，经济损失2950万元
2007	7月8日		8日20时至12日16时降水量共250.5 mm，紧急转移3000多人，直接经济损失6270万元
2012	7月21日 8月31日 9月10日		21日17时至23日08时，全区性暴雨，12站大暴雨，最大降水量为180.8 mm（上马），与上游洪水叠加，至长江纳溪区段遭几十年一遇洪峰，直接经济损失33811.0万元 31日至9月1日13站暴雨，最大降水量277.1 mm（渠坝），直接经济损失4251.6万元 10至12日大暴雨，最大降水量196.3 mm（渠坝），直接经济损失1047.98万元
2013	7月1日		全区性大暴雨，上马大池1小时降水量达82.7 mm，直接经济损失2262万元
2015	7月14日		全区性暴雨，最大降水量123.8 mm（龙车），直接经济损失2025.74万元
2016	6月18日 6月24日		全区普降暴雨到大暴雨，大暴雨主要集中在凤凰湖到渠坝一带，最大降水量148.3 mm，最大一小时雨强45.5 mm（均出现在渠坝）。直接经济损失4771万元 全区一半以上乡镇出现暴雨到大暴雨，大暴雨集中在棉花坡，最大降水量117 mm，最大一小时雨强42.1 mm（均出现在棉花坡龙蟠）。直接经济损失1847.8万元

三、历史上的冰雹

大风、冰雹来势猛、破坏性大，多出现在丰乐、护国、上马和通水、龙滩等地。灾害次数最多的是1987年，灾情最严重的是1989年“4.20”特大风雹（见表3.4）。

表3.4 纳溪区境内严重冰雹情况统计

年份	出现时间	冰雹简况
1921	4月	冰雹大如酒杯，伴有大风
1927	4月29日	冰雹、大风，房屋禾苗受损
1931	8月5日	冰雹、大风，房屋受损，灾情很重
1932	5月12日	冰雹、大风，房屋损失数万间
1935	4月	冰雹、大风，房屋损坏数千间，庄稼受灾严重
1939		冰雹大风，农田损坏数万亩
1962	7月8日	冰雹、暴雨、大风，房屋损坏数万间，雷电击死数人
1972	5月1日	上马、马庙地区冰雹大风，庄稼受损
1977	5月	上马地区冰雹大风，庄稼受损
1978	7月	丰乐地区冰雹大风，庄稼受损
1981		和丰冰雹大风，庄稼受损
1982	5月26日	沙岭乡河坎村冰雹袭击，房屋倒塌10余间，死1人，伤2人
1983	3月12日 4月8日 5月11日	沙岭乡受冰雹袭击 上马、护国等8乡受冰雹袭击 龙车乡受冰雹袭击
1984	5月12日	大里、三华乡受冰雹大风袭击
1985	5月5日 7月14日 8月3日	上马、护国两区受冰雹大风袭击，80%房屋受损 护国地区冰雹大风，中学一株直径1.5m、300多年的黄桷树刮倒，电线受损，停止通话15小时，停止供电20多小时 丰乐、通水、龙滩及高洞、棉花坡一带冰雹大风，毁房800多间，同年3次冰雹大风，经济损失近600万元
1986	7月15日 7月28日	花果、护国、大里等公社出现大风、冰雹 三华、沙岭等乡镇出现大风、冰雹
1987	5月18日 5月24日 5月30日 6月3日	上马、文昌、合面、花果等乡镇出现大风、冰雹，大的如鸡蛋 上马、文昌、合面、来凤等8个乡镇遭受大风、冰雹 丰乐、白节、上马、文昌、利合等乡镇遭受大风、冰雹 丰乐、利合等地出现大风、冰雹，最大的如鸡蛋
1988	5月4日 5月30日	上马、合面、三华等乡镇出现大风、冰雹。大如鸡蛋，小如豆粒，密度大，农作物损坏严重 大里、三华、利合等乡镇出现大风、冰雹

续表

年份	出现时间	冰雹简况
1989	4月19日 4月20日	上马、合面、文昌等7个乡镇出现大风、冰雹 棉花坡、石岭、高洞、龙车等12个乡镇遭受飓风和冰雹袭击，瞬间最大风速达37 m/s，冰雹一般有鸡蛋大，即谓“4·20风雹灾”，是历史罕见雹灾。两天直接经济损失达1.5949亿元
1991	6月10日	沙岭、来风、新太等乡出现大风、冰雹，直接经济损失2000多万元
1992	4月6日	来风、和丰等乡出现大风、冰雹
1993	4月23日 4月30日	大渡、丹林、江北等乡出现大风、冰雹，经济损失600余万元 大风、局部冰雹
1994	5月1日 11月14日	丰乐、龙车、白节、护国等出现大风、冰雹，经济损失832万元 棉花坡、白合、上马打雷、大风、冰雹，15日渠坝冰雹。出现时间历史罕见
2005	5月3日	局部大风、冰雹、暴雨
2012	4月29日	西部、北部出现大风、冰雹，阵风个别地方达9～10级，冰雹直径1～2 cm，最大3～4 cm，直接经济损失达3000余万元

第三节　纳溪区农业气象灾害个例

本节收集整理了一些发生在纳溪区境内的暴雨、干旱、风雹灾害个例，希望通过个例分析，能对今后开展防灾减灾工作提供思路和借鉴。

一、暴雨洪涝灾害个例

1. 1905年大水

1905年秋，大水入城，人坐城墙上脚可入水，为清代最高水位。长江北岸蒲号子丘岗上水位处有勒石“鱼跃鸢飞”为记（当年水涨至此），以志其患，水位为249.16 m。

2. 1966年特大洪灾

1966年9月2日长江特大洪灾，水位高达248.26 m，只比1905年低1 m。洪水进入县人委会门口，安富桥被淹，大渡口镇被淹一半，是新中国成立以来最大一次洪水。淹没房屋3000多户1万多间，淹没田地上万亩。

3. 1991年“8.10”暴雨洪涝

1991年8月10日特大洪灾，即谓“8.10”洪涝灾害。长江水位高达247.56 m，净涨8.1 m，接近1966年的大洪水位。12—13日又回升到244.96 m，净涨2.2 m。受灾区7个，乡（镇）31个，被淹没农田4.97×10^7 m²，受灾人口40万，死亡2人，伤137人。邮电线路中断6条，高压线“111”和“115”中断4 d，5个企业被迫停产15天，电站被淹7个。中断公路9条97 km（2次），水利工程受损55处，安富电管站抽水船被洪水冲离原地500 m，造成城区1万户近4万人断水5 d，县城10多条街50多个厂矿企业单位受到洪水袭击和遭受不同程度淹没。全县造成经济损失8060万元。

4. 1998年涝灾

1998年出现大小暴雨近20次，长江洪水超警戒水位（243.43 m）达4次，是年，全区发生稻瘟病，螟虫、纹枯病、稻飞虱，损失粮食2835 t。

5. 2012年“7.21”暴雨洪涝

2012年7月21日17时至23日08时，全区普降暴雨，气象监测站中有12站达大暴雨，最大降水量为180.8 mm、出现在上马。由于与上游主要江河发洪水叠加，导致长江干流上游泸州纳溪区段出现几十年一遇的洪峰，造成12个镇、2个街道受灾，321国道部分中断，大量农房倒损，乡镇大面积电力设施损坏，农作物大面积受灾。

据不完全统计，全区受灾人口为226279人，紧急转移居民27438人，因灾伤病人口3人，无人口失踪和死亡。农作物受灾面积达32551 hm²，绝收20891 hm²，毁坏耕地面积227 hm²。房屋倒塌2789间，一般损坏房屋2574间，严重损坏房屋771间。造成直接经济损失33811万元。

6. 2016年“6·18”暴雨洪涝

受高低空低值系统和副热带高压外围西南气流共同影响，从6月18日20时开始到19日13时，纳溪区自南向北出现一次大范围强降雨天气过程；全区普降暴雨到大暴雨，大暴雨区主要集中在凤凰湖到渠坝镇一带；最大雨强为45.5 mm/h，发生在渠坝夜间21时到22时；渠坝镇为本次过程累计最大点、降水量148.3 mm。暴雨致永宁河河水暴涨，水位超过历史极值。

据不完全统计，上马镇、护国镇、渠坝镇、天仙镇等12个镇（街道）受灾，受灾人口64011人，紧急转移安置人口1536人；房屋倒塌45户79间，严重损坏100户198间，一般损坏490户757间；丰乐镇、上马镇、护国镇、丰乐镇、渠坝镇等多个乡镇多条乡村公路路基被冲毁，其中阳坡村发生小型山体滑坡，阳坡酒厂房屋受损严重；凤凰湖灌溉左干渠被冲毁约300 m；部分电力、通信设施受损，大部分乡镇电力供应中断；渠坝镇“故里情源生态养老产业基地”人工湖堤坝部分被冲毁。造成直接经济损失约4771万元，其中农业损失为1280万元。

7. 2016年“6·24”暴雨洪涝

受低涡和地面冷空气共同影响，从6月23日晚开始到24日10时，纳溪区自北向南出现一次暴雨天气过程。这次暴雨是继“6·18”暴雨后又一次区域性强降雨过程，全区一半以上的乡镇出现暴雨到大暴雨，大暴雨区集中在棉花坡、白节和丰乐镇。最大雨强为42.1 mm/h，发生在棉花坡镇龙蟠村凌晨2时到3时。过程累计最大降水量117 mm，发生在棉花坡镇龙蟠村。

据全区31个气象自动雨量站统计，2016年6月23日20时—24日10时，全区大暴雨（降水量≥100 mm）6站、暴雨（降水量50～99.9 mm）16站、大雨（降水量25～49.9 mm）9站。

据不完全统计，此次暴雨洪涝导致上马镇、护国镇、渠坝镇、天仙镇等10个镇（街道）受灾，造成部分农房倒损，农作物大面积受灾，交通、水利等基础设施受损严重；永宁河发生超警戒水位洪水，造成上马镇、护国镇、渠坝镇、天仙镇、永宁街道等沿河地区场镇、部分民房被淹，农作物大面积绝收，受灾人口40768人，转移安置836人，直接经济损失1847.8万元。其中，农业受灾面积533 hm^2，成灾268 hm^2，绝收137 hm^2，农业损失457.8万元，受灾作物主要有水稻、玉米和蔬菜；洪水导致护国镇酱醋厂、上马镇华盛轻工机械公司、仙龙酒业公司、中元电站等受灾，工矿企业损失55万元；造成丰乐镇、上马镇、护国镇、白节镇、天仙镇等多个乡镇多条乡村公路路基被冲毁、多处发生滑坡、塌方，致使交通中断，基础设施损失701万元；部分电力、通信设施受损，大部分乡镇电力供应中断；公益设施损失98万元，上马镇中、小学、乐道古镇被淹；房屋倒塌21户41间，严重损坏48户95间，一般损坏59户88间，估计损失536万元。

二、干旱灾害个例

1. 1924年大旱

1924年7月25日至次年6月24日才下大雨，田开裂，地无收，竹木被旱死。5月，火灾烧毁店铺20余家。是年冬旱，至次年6月，田地无收，农民吃树皮、白鳝泥者甚多。人称“甲子年大天干”。

2. 1953年冬春连旱

从11月开始到次年3月结束，持续150天。县政府组织抗旱群众10万人，动用龙骨车4万架。是年发生森林火灾15次，烧山186亩，损失树木53222根，价值1.2万元。

3. 1960年冬旱、春旱、夏旱、伏旱

冬旱从1月1日开始，持续33 d，降水量仅8.2 mm。春旱从2月27日开始，持续32 d，总降水量为16.9 mm。夏旱从4月29日开始，持续29 d，总雨量为29.1 mm。伏旱从7月29日开始，持续29 d，总降水量为28.7 mm。

由于干旱严重，全年总降水量仅789.4 mm，全年无暴雨日，造成点谷播种，土类作物歉收，粮食减产2000万kg。是年，发生森林火灾30次，面积1669亩，烧死竹子95000 kg，树木6.1万根，损失3.3万元，组织扑火1239人/次。

4. 1992年春旱、夏旱、伏旱、秋冬旱

冬旱从1991年12月29日开始，持续33 d，总降水量为9.5 mm。夏旱从5月21日开始，持续22 d，总降水量为20.2 mm。伏旱第一段从7月14日开始，持续37 d，总降水量为34.6 mm；第二段从8月21日开始，持续34 d，总降水量为22.7 mm。秋冬旱从10月29日开始，持续63 d至次年，总降水量为18.1 mm。累计总旱天数长达189 d。

据不完全统计，全县受旱7个区，31个乡镇，280个村，2215个社，有10.430万户，40.2万人。受旱面积46.57万亩，占总面积的87%，成灾面积27.72万亩，其中无收面积5.6万亩，总共损失粮食1393万kg。农房火灾4起，烧毁农房4户9间，中暑死亡2人，有23万人饮水发生困难，造成直接经济损失达1141.5万元。

5. 2006年夏季干旱

2006年7月8日至8月20日，纳溪区持续44 d干旱，降雨总量仅18.7 mm、较常年偏少212 mm，偏少比例达91%；日平均气温达到29.3℃，较常年同期偏高8.2℃；日平均温度大于35℃以上天气达32 d；8月14日日最高温度为39.9℃，突破了近10年来的历史最高纪录。

据不完全统计，此次干旱天气造成全区8.962万人和13.528万头牲畜饮水困难，农作物受灾面积达26.01万亩，绝收3.59万亩，粮食减产2.32×10^4 t。

6. 2011年夏季干旱

2011年7月8日至8月21日日平均气温达到28.3℃，较常年同期偏高8.2℃，居历史第三位，最高气温≥35℃日数为37 d，最高气温达42.1℃，居历史第一位；降水量78.9 mm，偏少75.9%，蒸发量为降水量的10倍，普遍达到严重伏旱标准，打破2006年创下的历史最高温纪录。全区有32条溪河断流、3座水库无蓄水、487口山塘无蓄水，主要分布在护国、打古、棉花坡镇三个镇，造成8.962万人和13.528万头牲畜饮水困难。农作物受灾面积已达55.332万亩，绝收18.1

万亩，粮食减产3.4192万t，造成经济损失22805.57万元。

7. 2012年冬春连旱

2012年11月上旬到2013年3月下旬，全区累积降水量50.2～167.0 mm，偏少4～6成；特别是2月22日到3月29日，36天累积降水量仅7.3～38.3 mm、偏少5～9成，而气温达到15.1～17.5℃、偏高3～4℃，春暖程度罕见。

据不完全统计，干暖天气直接造成损失1401.8万元，受灾人口17.32万人。

三、风雹灾害个例

1. 1987年大风、冰雹

1987年5月18日、5月24日、5月30日、6月3日16 d中先后出现4次大风、冰雹，属历史罕见。受灾地区有4个区、26个乡（镇）、113个村，其中上马、文昌、合面等乡镇连遭3次冰雹袭击。吹坏和打烂农房6.4万间，倒塌农房151间，死亡2人，伤13人，打死生猪12头，农作物受损1.38万亩，损失小青瓦1860万匹，吹断吹倒各种树木42万多株，吹倒吹断竹子531×10^{4} kg，吹倒高（低）压电杆336根，断电线路323处，造成经济损失2000多万元。

2. 1989年“4·20”风雹

1989年4月20日，棉花坡、石岭、高洞、龙车、丰乐、利合、龙滩、通水、石棚、大旺、白节、丹林等12个乡镇，遭受飓风和冰雹袭击，瞬间最大风速达37 m/s（12级），冰雹一般有鸡蛋大，最大10.5 kg。气象观测场冰雹平均重量为11 g，直径30 mm；有的沟内积冰最厚达45 cm，3 d才融化完，是历史上罕见的雹灾。

第四章

纳溪区农业暴雨洪涝灾害风险区划

本章主要介绍气象灾害风险基本概念及其内涵、有关名词解释、开展农业暴雨洪涝风险区划的资料来源，分析致灾因子、孕灾环境敏感性、承灾体易损性、防灾抗灾能力，提出了针对农业暴雨洪涝灾害防御的措施等。

第一节　农业气象灾害区划基本知识

一、气象灾害风险基本概念及其内涵

气象灾害风险是指气象灾害发生及其给人类社会造成损失的可能性。气象灾害风险既具有自然属性，也具有社会属性，无论自然变异还是人类活动都可能导致气象灾害发生。气象灾害风险性是指若干年（10年、20年、50年、100年等）内可能达到的灾害程度及其灾害发生的可能性。根据灾害系统理论，灾害系统主要有孕灾环境、致灾因子和承载体共同组成。在气象灾害风险区划中，危险性是前提，易损性是基础，风险是结果。

气象灾害风险性可以表达为：

气象灾害风险=气象灾害危险性×承载体潜在易损性

其中，气象灾害危险性是自然属性包括孕灾环境和致灾因子，承载体潜在易损性是社会属性。

二、名词定义

气象灾害风险：各种气象灾害发生及其给人类社会造成损失的可能性。

孕灾环境：气象危险性因子、承灾体所处的外部环境条件，如地形地貌、水系、植被分布等。

致灾因子：导致气象灾害发生的直接因子，如暴雨、干旱、连阴雨、高温等。

承灾体：气象灾害作用的对象，是人类活动及其所在社会中各种资源的集合。

孕灾环境敏感性：受到气象灾害威胁的所在地区外部环境对灾害或损害的敏感程度。在同等强度的灾害情况下，敏感程度越高，气象灾害所造成的破坏损失越严重，气象灾害的风险也越大。

致灾因子危险性：气象灾害异常程度，主要是由气象致灾因子活动规模（强度）和活动频次（概率）决定的。一般致灾因子强度越大，频次越高，气象灾害所造成的破坏损失越严重，气象灾害的风险也越大。

承灾体易损性：可能受到气象灾害威胁的所有人员和财产的伤害或损失程度，如人员、牲畜、房屋、农作物、基础设施等。一个地区人口和财产越集中，易损性越高，可能遭受潜在损失越大，气象灾害风险越大。

防灾减灾能力：受灾区对气象灾害的抵御和恢复程度。包括应急管理能力、减灾投入资源准备等，防灾减灾能力越高，可能遭受的潜在损失越小，气象灾害风险越小。

气象灾害风险区划：在孕灾环境敏感性、致灾因子危险性、承灾体易损性、防灾减灾能力等因子进行定量分析评价的基础上，为了反映气象灾害风险分布的地区差异性，根据风险度指数的大小，对风险区划分为若干个等级。

三、农业气象灾害风险区划技术原则

农业气象灾害风险性是孕灾环境、脆弱性承灾体与致灾因子综合作用的结果。它的形成既取决于致灾因子的强度与频率，也取决于自然环境和社会经济环境。开展纳溪区气象灾害风险区划时，主要遵循以下原则：

（1）以开展灾情普查为依据，从实际灾情出发，科学做好气象灾害的风险性区划，达到防灾减灾规划的目的，促进区域的可持续发展。

（2）区域气象灾害孕灾环境的一致性和差异性。

（3）区域气象灾害致灾因子的组合类型、时空聚散、强度与频度分布的一致性和差异性。

（4）根据区域孕灾环境、脆弱性承灾体以及灾害产生的原因，确定灾害发生的主导因子及其灾害区划依据。

（5）划分气象灾害风险等级时，宏观与微观结合，对划分等级的依据和防御标准做出说明。

（6）可修正原则：紧密联系纳溪区的社会经济发展情况，对纳溪区的承灾体脆弱性进行调查。根据纳溪区的发展，以及防灾减灾基础设施与能力的提高，及时对气象灾害风险区划图进行修改与调整。

四、农业气象灾害风险区划技术方法

主要根据气象与气候学、农业气象学、自然地理学、灾害学、自然灾害风险管理等基本理论，采用风险指数法、GIS自然断点法、加权综合评价法等数量化方法,在GIS技术的支持下对气象灾害风险分析和评价，编制气象灾害风险区划图。

五、农业气象灾害风险区划流程

基于GIS数据库，收集GIS、社会经济、气象、气象灾害等数据，对其进行敏感性、危险性、易损性及防灾减灾能力进行评价，并建立相应数据模型，最终形成农业气象灾害防御及农业生产气候资源区划结论。

第二节　纳溪区农业暴雨洪涝灾害风险分析

一、资料收集

1．气象资料

灾情资料：1984—2010年纳溪区暴雨洪涝灾情普查数据（受灾人口、受灾面积、直接经济损失等）。

气象资料：气象监测站1961—2014年逐日降水量、逐日气温等数据。

2．社会经济资料

选用以乡（镇）为单位的纳溪区行政区土地面积、耕地面积、农作物播种面积、农村人口、农业生产总值（GDP）、地方农业支出、农村居民人均纯收入、有效灌溉面积、旱涝保收面积、化肥施用量、地膜使用量、森林覆盖率等数据。

3．地理信息数据

基础地理信息资料包括纳溪区1∶5万GIS数据中的DEM和水系数据。

二、农业暴雨洪涝灾害风险分析

强降雨致灾主要表现为雨势猛、强度大，冲毁农田水利设施，淹没农田，摧毁作物；或是累积雨量大，积水难排，形成内涝；还会导致地墒饱和，下垫

面对雨水的渗透力弱，造成渍害。因此，用降雨强度和降雨频次两个因子对暴雨洪涝灾害危险性进行表征。

1. 致灾因子危险性分析

将暴雨过程降水量以连续降雨日数划分为一个过程，一旦出现无降雨则认为该过程结束，并要求该过程中至少一天的降水量达到或超过40 mm，最后将整个过程降水量进行累加。

首先，统计纳溪区及其周边的合江县、长宁县、富顺县、兴文县、叙永县、隆昌县、古蔺县、高县、珙县和宜宾等11个区、县气象观测站历年各站1 d，2 d，3 d，…，10 d（含10 d以上）暴雨过程降水量；将所有台站的过程降水量作为一个序列，建立不同时间长度的10个降雨过程序列；分别计算不同序列的第98百分位数、第95百分位数、第90百分位数、第80百分位数、第60百分位数的降水量值，该值即为初步确定的临界致灾雨量；然后利用不同百分位数将暴雨强度分为5个等级，即60%～80%位数对应的降水量为1级，80%～90%位数为对应的降水量为2级，90%～95%位数对应的降水量为3级，95%～98%位数对应的降水量为4级，大于等于98位数对应的降水量为5级；最后按照确定的各级暴雨灾害致灾临界指标，分别统计1—10 d各级暴雨强度发生次数，然后将不同时间长度的各级暴雨强度次数相加，从而得到各级暴雨强度发生次数，绘制出纳溪区暴雨强度频次空间分布图和所有等级暴雨强度频次分布图。

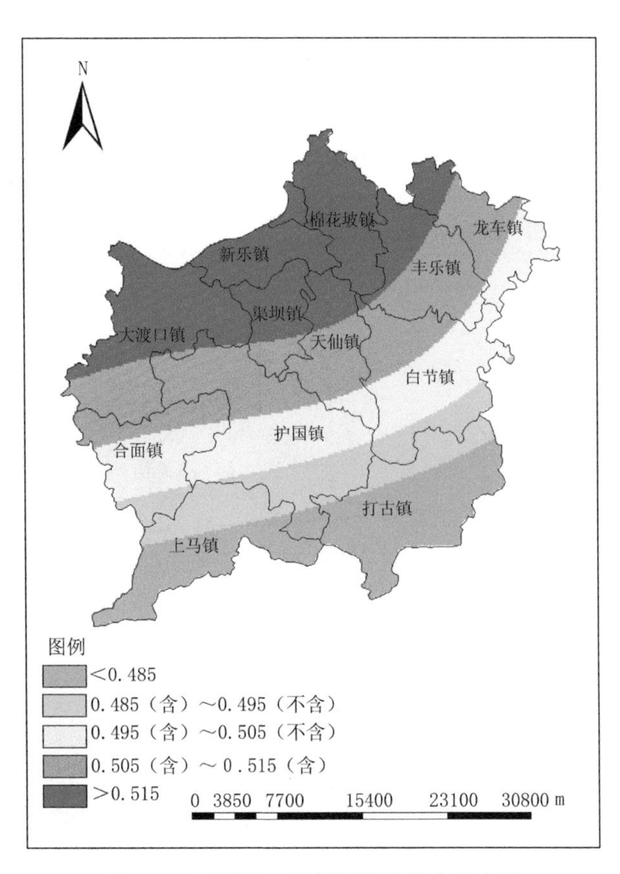

图 4.1　纳溪区一级暴雨洪涝频次分布图

（1）图4.1为纳溪区一级暴雨灾害频次分布图。由图4.1可见，一级暴雨灾害频次由南至北逐渐增加，这与纳溪区南高北低的地势特征较为吻合。其中位于南部地势较高的上马镇和打古镇一级暴雨灾害频次最低，小于0.485；而位于北部较低地区的纳溪区城区、棉花坡镇、新乐镇、渠坝镇和大渡镇一级暴雨灾害频次最高，基本大于0.515；其他乡镇一级暴雨灾害频次均介于两者之间。

（2）从纳溪区二级暴雨灾害频次分布图（图4.2）可以看到，纳溪区东北、西南地区二级暴雨灾害频次明显高，而西北、东南地区灾害频次则明显较低。沿纳溪区东西走向的大渡镇、合面镇、护国镇、打古镇一带二级暴雨灾害频次为全区低值区，其中合面镇大部、大渡镇的西南部以及打古镇东南部二级暴雨灾害频次最低，均小于0.257；而位于全区最南部的上马镇则暴雨频次较高，南部大于0.26；另外，纳溪区北部地区二级暴雨频次也较高，其中丰乐镇和龙车镇二级暴雨频次也大于0.26，位全区最高区。

（3）图4.3为纳溪区三级暴雨灾害频次分布图。由图可见，纳溪区三级暴雨频次呈东西走向分布，暴雨灾害频次从东至西呈依次递增趋势。其中位于东

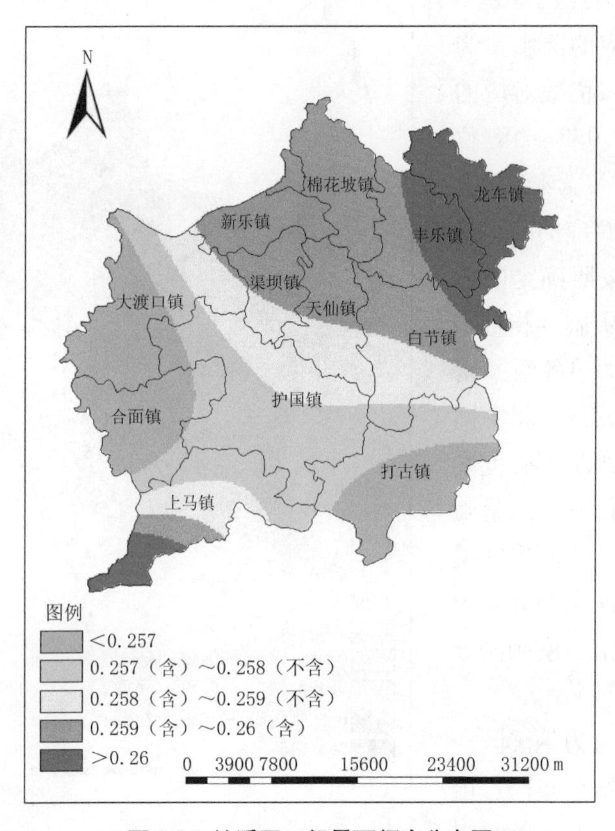

图 4.2 纳溪区二级暴雨频次分布图

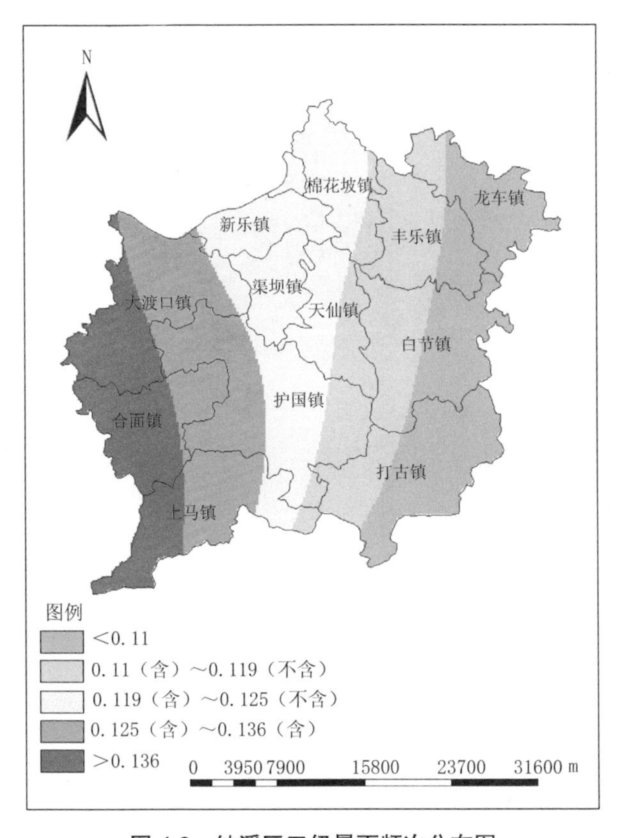

图 4.3　纳溪区三级暴雨频次分布图

部的龙车镇、丰乐镇、白节镇和打古镇三级暴雨灾害频次最低，均小于0.119；而位于最西部的大渡镇、合面镇和上马镇三级暴雨灾害频次则最高，均大于0.125。其余乡镇三级暴雨灾害频次介于二者之间。

（4）纳溪区四级暴雨灾害频次（图4.4）呈南北走向分布，有南至北灾害频次逐渐增加，这与一级暴雨灾害频次分布图较为相似。其中位于区南部的上马镇和打古镇四级暴雨灾害频次最低，基本小于0.062；而位于北部的纳溪区、棉花坡镇、新乐镇、渠坝镇的四级暴雨灾害频次则最高，其值均大于0.088；其余乡镇暴雨频次基本介于二者之间。

（5）纳溪区五级暴雨灾害频次（图4.5）分布呈东北—西南走向分布。其中暴雨灾害频次较重的地区集中在纳溪区西南部，包括上马镇西部、合面镇大部以及大渡镇的西南部，暴雨频次大于0.058；而东北部地区的五级暴雨洪涝灾害频次则相对较低，其中纳溪区城区、棉花坡镇北部、新乐镇西部以及大丰镇最低；其他各乡镇介于其间。

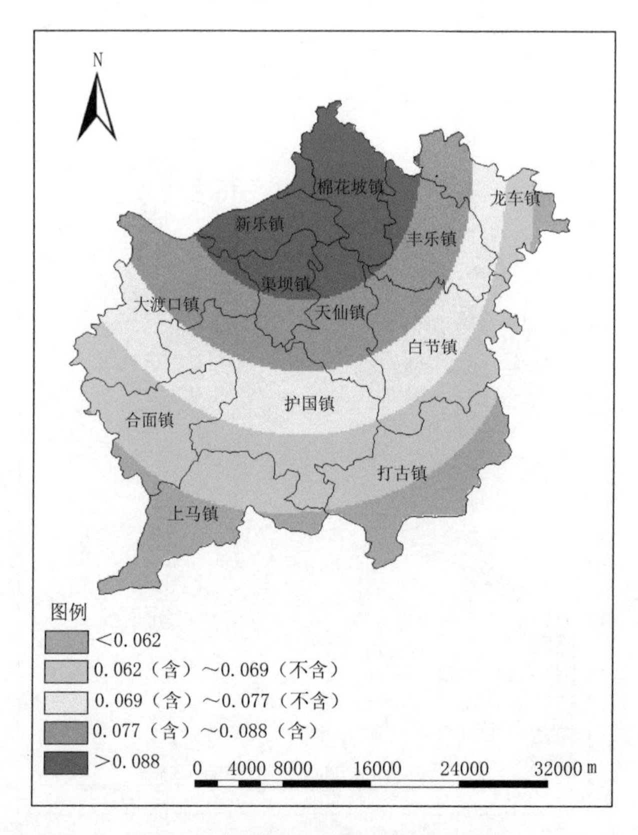

图 4.4 纳溪区四级暴雨频次分布图

通过纳溪区暴雨洪涝灾害一到五级致灾强度分布图，根据暴雨强度等级越高，对洪涝形成所起的作用越大的原则，确定降雨致灾因子权重，将暴雨强度5，4，3，2，1级权重分别取5/15，4/15，3/15，2/15，1/15。

利用加权综合评价法，计算不同等级降雨强度权重与将各站的不同等级降雨强度发生的频次归一化后的乘积之和，再利用GIS中自然断点分级法将致灾因子危险性指数按5个等级分区划分（高危险区、次高危险区、中等危险区、次低危险区、低危险区），并绘制致灾因子危险性区划图。

由纳溪区暴雨洪涝灾害致灾因子危险性区划图（图4.6）可见，纳溪区暴雨洪涝灾害风险性呈明显的东-西向分布特征，由东至西风险逐渐增强。低危险区主要位于龙车镇东部和打古镇大部；次低危险区位于丰乐镇东部、白节镇中部、护国镇东南部地区；高危险区位于南溪区、棉花坡镇西部、新乐镇、大渡镇、合面镇西部和上马镇西部；次高危险区位于棉花坡镇东部、天仙镇北部、

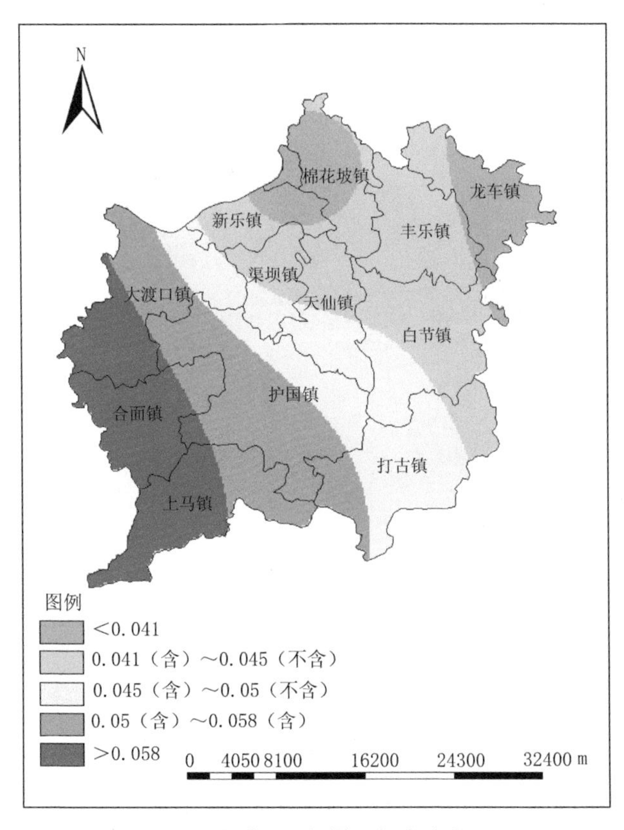

图 4.5　纳溪区五级暴雨频次分布图

渠坝镇、护国镇西部和上马镇中部；其余乡镇基于其间。

2. 孕灾环境敏感性分析

从洪涝形成的背景与机理分析，纳溪区暴雨洪涝灾害孕灾环境主要考虑地形和水系两个因子的综合影响。

（1）地形因子主要包括高程和地形变化（高程标准差）。高程越低，高程标准差越小，则综合地形因子影响值越大；高程越低表示地势越低，高程标准差越小表示地形变化越小，地势越平坦；综合地形因子影响值越大表示越不利于洪水的排泄，越有利于形成涝灾。

从纳溪区1∶5万GIS数据中提取出高程数据，地形起伏变化则采用高程标准差表示，对GIS中某一格点，计算其与周围8个格点的高程标准差获得，在1∶5万GIS中采用100 m×100 m的网格计算地形高程标准差。根据纳溪区地形地貌特点，给出纳溪区的地形高程及高程标准差的组合赋值见表4.1。

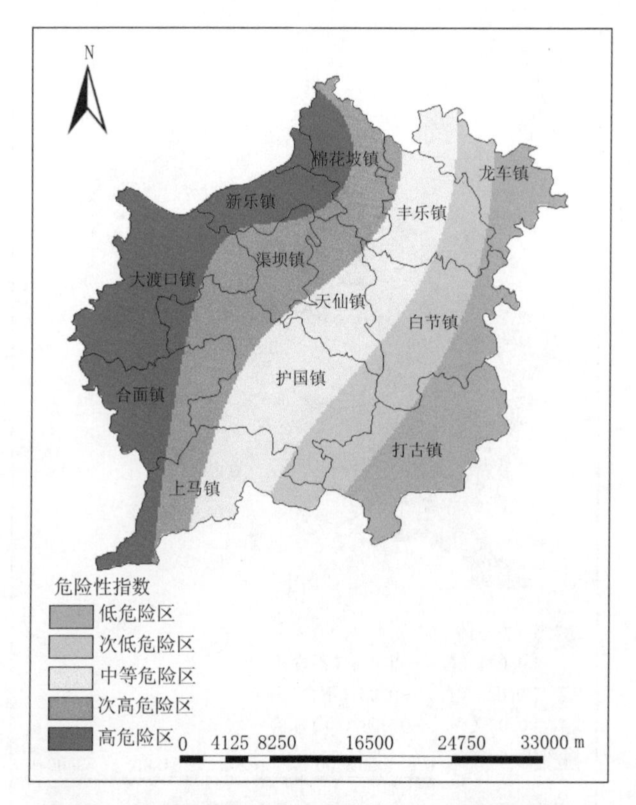

图 4.6 纳溪区暴雨洪涝灾害致灾因子危险性区划图

表4.1 纳溪区地形高程和高程标准差的组合赋值

地形高程（m）	地形标准差		
	一级（≤5）	二级（5～10）	三级（≥10）
一级（≤350）	0.8	0.75	0.65
二级（350（不含）～550（含））	0.75	0.65	0.60
三级（550（不含）～700（不含））	0.65	0.60	0.55
四级（≥700）	0.55	0.50	0.45

由此可得纳溪区暴雨洪涝灾害地形影响指数分布（见图4.7）。

根据纳溪区境内地形，纳溪区暴雨洪涝灾害的地形影响以地势较低的北部和中南部地区为最大，影响度值在0.85以上，这些地区发生暴雨洪涝灾害的危险性最高；境内两条山脉穿越地区由于地势较高，地形影响指数值偏小，影响度值在0.5以下，洪水发生时危险程度相对较低。

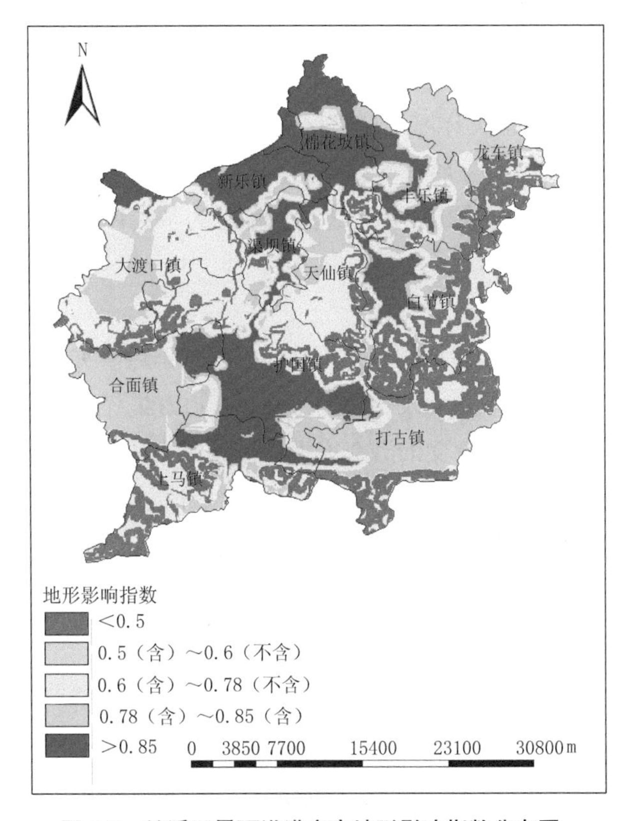

图 4.7　纳溪区暴雨洪涝灾害地形影响指数分布图

（2）水系因子主要考虑纳溪区的河网密度。纳溪区境内有大小溪河130余条，总长度640 km。长江流经境内北部长28.8 km，经大渡口镇、新乐镇、安富向泸州奔流。永宁河是本区长江最大支流，纵贯区域中部，经上马镇、护国镇、渠坝镇、天仙镇、安富注入长江，境内流长45.7 km。

河网越密集的地方，遭受洪涝灾害的风险越大。将一定半径范围内的河流总长度作为中心格点的河流密度，半径大小使用系统缺省值，在1∶5万GIS数据中采用100 m×100 m的网格计算河网密度，从而得到纳溪区河网密度。

河网密度主要集中在水库和沿河流域，河网密度的大值区主要集中在区境内长江流经处和永宁河附近，河网密度值在0.6以上，其余大部分地区水系影响指数均在0.55以下，遭受暴雨洪涝灾害的风险相对较低。

充分考虑到孕灾环境中地形和水系对暴雨洪涝灾害的影响程度，综合多方专家的意见，将这两个因子分别赋权重值为0.6和0.4。利用GIS中自然断点分级法，将孕灾环境敏感性指数按5个等级分区划分（高敏感区、次高敏感区、中敏感区、次低敏感区和低敏感区），基于GIS绘制出纳溪区孕灾环境敏感性指数区划图（图4.8）。

从暴雨洪涝灾害孕灾环境敏感性区划图可以明显看出，在永宁河流域及地势较低的区北部地区集中了纳溪区暴雨洪涝灾害孕灾环境的高敏感区和次高敏感区；区境内两条东—西走向山脉途经之处大部分为孕灾环境的低敏感区和次低敏感区。

3. 承灾体易损性分析

暴雨洪涝灾害对社会造成的危害程度与承受暴雨洪涝灾害的载体直接相关，它造成的损失大小一般取决于发生地的经济、人口密集程度和耕种方式等因素。经济越是发达，承灾体所遭受的潜在灾害损失就越大；人口越密集，环境遭受破坏、生态恶化的可能性也就越大。根据纳溪区经济统计数据，得到地均农业GDP（万元/hm^2）、农村居民纯收入（元）、耕地面积比重（%）三个易损性评价指标。

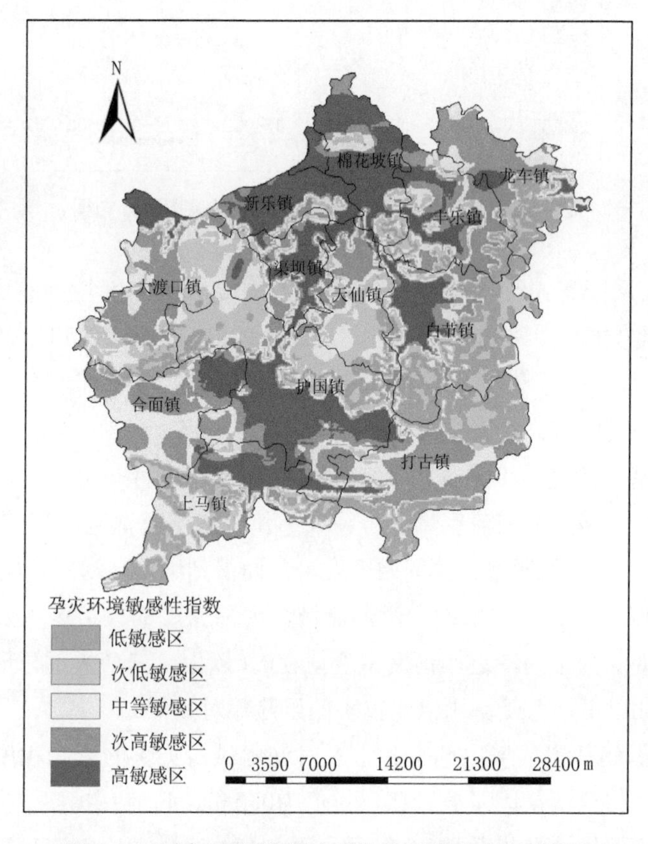

图 4.8 纳溪区暴雨洪涝灾害孕灾环境敏感性区划图

（1）根据纳溪区GDP分布，最高的地区分布在纳溪区的中部地区，其中最高的是大渡镇，超过20万元/hm²；另外，新乐镇、渠坝镇和天仙镇也较高，超过15万元/hm²；丰乐镇、合面镇和打古镇地均农业GDP值最低，不到11.5万元/hm²；其余乡镇介于高、低值之间。

（2）根据纳溪区农村居民人均纯收入分布，纳溪区、渠坝镇和打古镇的农村居民人均纯收入最高，大于12155元；棉花坡镇、大渡镇和天仙镇的人均纯收入居其次，超过11845元；丰乐镇、合面镇人均纯收入最低，10445元；其余乡镇的收入介于10445～12155元。

（3）根据纳溪区耕地面积比重分布，区内北部地区耕地面积比重相对较大，其中面积比重大于26%的乡镇有新乐镇、纳溪区、棉花坡镇、丰乐镇和合面镇；而大渡镇的耕地面积比重不足10%，其他乡镇的更低面积比重介于二者之间。

由于每个承灾体在不同地区对暴雨洪涝灾害的相对重要程度不同，因此在计算综合承灾体的易损性时，需要充分考虑它们的权重。先将对地均农业GDP、农村居民人均纯收入、耕地面积比重三个易损性评价指标进行规范化处理；再根据专家打分法，给以上3个指标分别赋予权重0.4、0.3、0.3，利用加权综合法计算综合承灾体易损性指数；最后使用GIS中自然断点分级法将综合承灾体易损性指数按5个等级分区划分（高易损性区、次高易损性区、中等易损性区、次低易损性区、低易损性区），并基于GIS绘制承灾体易损性指数区划图（图4.9）。

由纳溪区暴雨洪涝灾害承灾体易损性区划图可见，高易损区主要分布在西北至东南一线，东北至西南部一线易损性相对较低。纳溪区城区、渠坝镇、打古镇为暴雨洪涝灾害承灾体高易损区；棉花坡镇、龙车镇、天仙镇和大渡镇是承灾体的次高易损区；丰乐镇、合面镇的承灾体易损性最低；其他乡镇介于其间。

4. 防灾抗灾能力分析

防灾减灾能力描述为应对暴雨洪涝灾害所造成的损害而进行的工程和非工程措施。考虑到这些措施和工程的建设必须要有当地政府的经济支持，主要考虑了人均农业GDP（万元/人）、农业人口密度（人/hm²）、旱涝保收面积比重三个抗灾因素。

（1）根据纳溪区人均农业GDP分布，渠坝镇和天仙镇的人均农业GDP值最高，超过9200元/人；其次为新乐镇、大渡镇河护国镇，人均GDP值在8100元以上；而棉花坡镇、丰乐镇、合面镇的人均农业GDP值最低，不足6800元/人；其余乡镇介于6800～11300元。

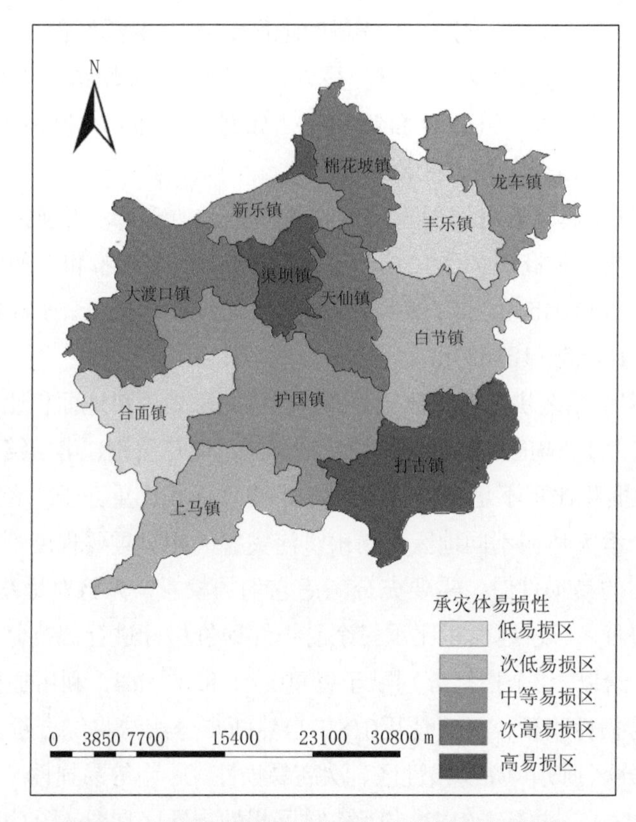

图 4.9 纳溪区暴雨洪涝灾害承灾体易损性区划图

（2）根据纳溪区农业人口密度分布，农业人口主要分布在区境的中、北部，南部相对较少。其中，大渡镇农业人口密度最大，每公顷超过20人；新乐镇和棉花坡镇农业人口密度也较大，大于18.5人/hm²；合面镇、护国镇和打古镇的农业人口密度最小，不足14.5人/hm²。其余乡镇介于其间。

（3）根据纳溪区旱涝保收面积比重分布，新乐镇和渠坝镇耕地旱涝保收面积比重最大，为21%～40%；其次为护国镇，旱涝保收面积比重20%左右；天仙镇旱涝保收面积比重最低，仅为16%；其他乡镇值介于其间。

将人均农业GDP、农业人口密度、旱涝保收面积比重三个防灾减灾因子规范化后，给以上三个指标分别赋予权重0.5，0.3，0.2，利用加权综合法计算综合防灾减灾能力指数。利用GIS中自然断点分级法，根据防灾减灾能力指数按5个等级分区划分（高抗灾能力区、次高抗灾能力区、中等抗灾能力区、次低抗灾能力区、低抗灾能力区），并基于GIS绘制暴雨洪涝灾害防灾减灾能力区划图（图4.10）。

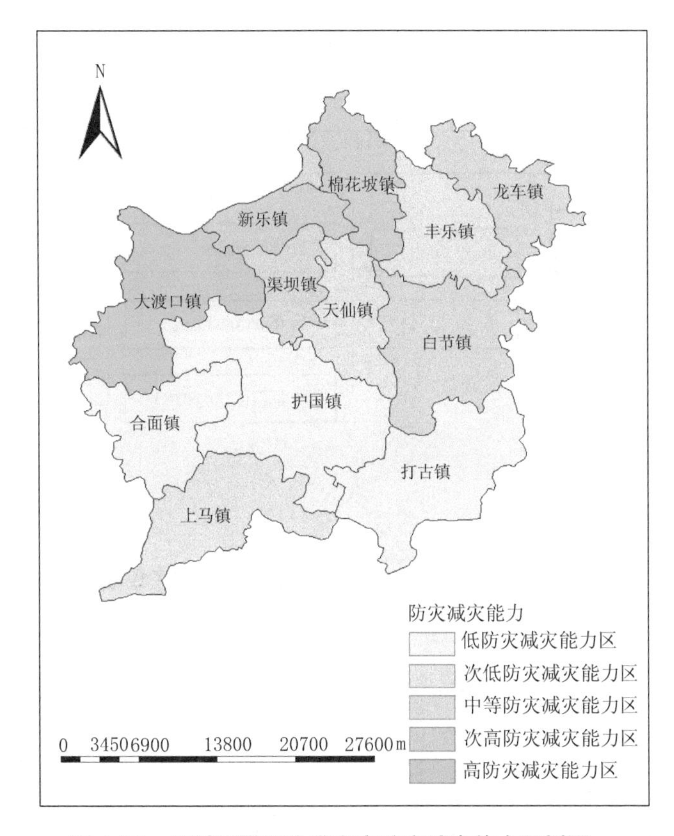

图 4.10　纳溪区暴雨洪涝灾害防灾减灾能力区划图

从纳溪区暴雨洪涝灾害防灾减灾能力区划图可以看出，全区防灾减灾能力呈南北走向分布，区内北部地区防灾减灾能力较强，南部地区则较弱。大渡镇的防灾减灾能力最强，其次为新乐镇和棉花坡镇，纳溪区、龙车镇、渠坝镇和白节镇次之，位于南部的合面镇、护国镇和打古镇的防灾减灾能力最弱。

第三节　纳溪区农业暴雨洪涝灾害风险评估及区划

纳溪区暴雨洪涝灾害风险区划是在充分考虑到孕灾环境敏感性、致灾因子危险性、承灾体易损性和防灾减灾能力4个因子进行定量分析评价的基础上，为了反映灾害风险分布的地区差异性，根据风险度指数的大小，把风险区划分为若干个等级。考虑到各评价因子对风险的构成起作用并不完全相同，在征求水利、国土、农业、气象、气候等多方专家后，将纳溪区暴雨洪涝灾害风险所涉及的因子权重系数加以汇总（如图4. 11）。

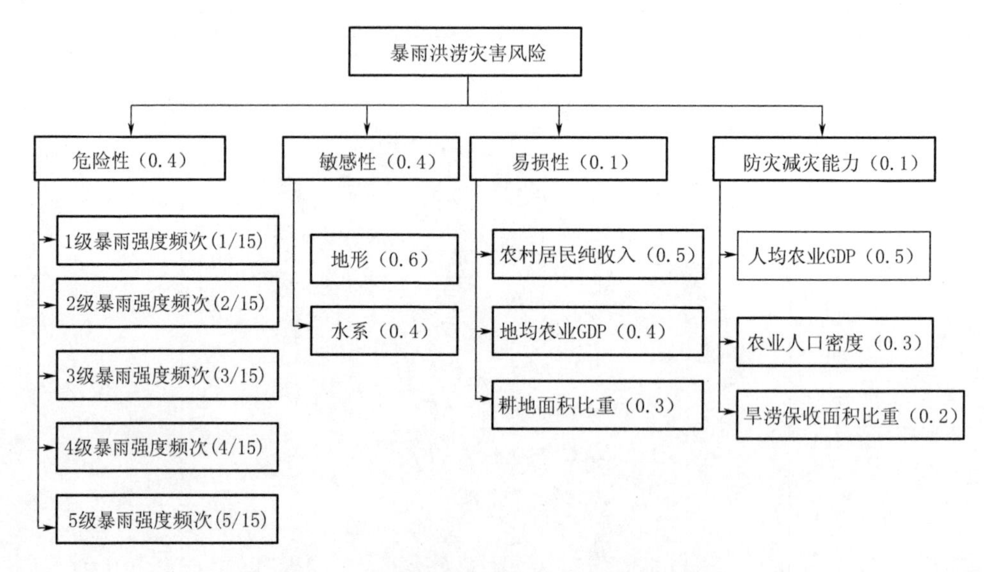

图 4.11　纳溪区暴雨洪涝灾害风险因子权重

然后根据纳溪区暴雨洪涝灾害风险指数公式求算暴雨洪涝灾害风险指数，具体计算公式为

$$FDRI=(VE^{we})(VH^{wh})(VS^{ws})(10-VR)^{wr}$$

式中*FDRI*为暴雨洪涝灾害风险指数，用于表示风险程度，其值越大，则灾害风险程度越大，*VE*、*VH*、*VS*、*VR*的值分别表示风险评价模型中的孕灾环境的敏感性、致灾因子的危险性、承灾体的易损性和防灾减灾能力各评价因子指数；*we*、*wh*、*ws*、*wr*是各评价因子的权重。

将灾害危险性、孕灾环境敏感性、承灾体易损性及防灾减灾能力四个因子规范化后，给以上四个指标分别赋予权重0.4，0.4，0.1，0.1。利用加权综合法，采用暴雨洪涝灾害风险评估模型，计算出各地暴雨洪涝灾害风险指数，利用GIS中自然断点分级法将暴雨洪涝风险指数按5个等级分区划分（高风险区、次高风险区、中等风险区、次低风险区、低风险区），并基于GIS绘制出暴雨洪涝灾害风险区划图（图4.12）。

由图可见，暴雨洪涝灾害风险等级呈东—西向分布，高和次高风险区基本集中在区境的西部乡镇，而东部地区风险等级较低。其中西北部地势较低、水系较发达的纳溪区城区、棉花坡镇、新乐镇、渠坝镇均为灾害的高风险区，此外,合面镇西部和护国镇西部的灾害风险等级也较高；而龙车镇、丰乐镇东部、白节镇大部以及打古镇大部则是灾害的低风险区；其余乡镇的灾害风险等级介

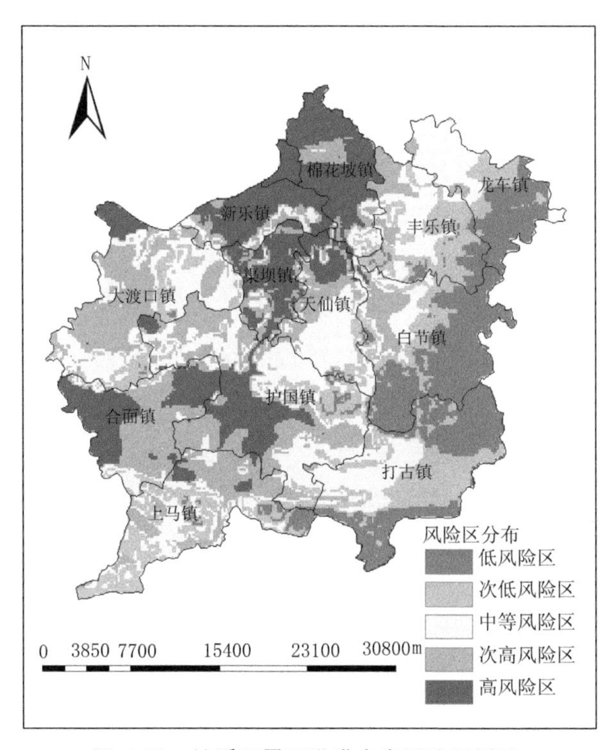

图 4.12　纳溪区暴雨洪涝灾害风险区划图

于高、低值之间。

第四节　农业暴雨洪涝灾害防御措施

根据暴雨洪涝灾害天气的影响，应该从预防和补救两方面积极采取应变管理措施，才能把自然灾害造成的损失降到最低限度。

一、建立有效防御洪涝灾害的联动机制

1. 加强开展防治洪涝灾害的宣传教育力度。由于暴雨洪涝及引发的地质灾害突发性强、成灾快，特别是山区人员居住分散，交通和通讯不畅，人们的防灾意识非常重要。需要相关部门利用群众喜闻乐见的形式，重点宣传洪涝灾害的基本常识，不断提高人们主动防范、依法防灾的自觉性，增强人们的自救意识和自救能力，尤其要加大对贫困山区、少数民族地区群众的宣传力度。

2. 制定防御和治理洪涝灾害的规划。需要各地人民政府根据实际情况，

组织国土、水利、防汛、环保、交通、气象、农业、林业、水文、通信、电力等相关工作部门，制定暴雨洪涝灾害防御和治理的工作规划，明确近期目标和长远目标，积极联合开展洪涝灾害监测、预测预报系统建设、通讯预警系统建设，制定洪涝灾害防御预案和躲灾避灾方案，探索避灾躲灾的有效途径。

3. 建立健全防御洪涝灾害的责任体系。要建立健全部门防灾责任制和基层防灾责任制。强降雨后的洪涝灾害从形成到发展，其预见期极短，而且极有可能因交通或通信设施遭到破坏而与外界失去联系，因此防灾避灾工作不适用常规指挥方式，而必须由最基层一级直接按照预案组织实施。最关键的是在县及乡镇、村组一级应建立严密及严明的防汛责任制，如建立乡干部包村、村干部包组、党员包户的责任制。

4. 加强洪涝灾害跨区域的联防工作。需高度重视洪涝灾害的联防工作，加强与上下游县市、乡镇的联系，建立有效的地质、气象、水文等信息互通机制，在洪涝防御工作中形成合力（石昌军，2010）。

二、加快实施防治洪涝灾害的工程建设

1. 加强生态环境治理，开展退耕还林、退耕还草，做好水土保持，努力改善生态环境（刘震，2000）。

2. 继续加大资金投入，加快水利工程、地质灾害防治工程、河道治理工程、病险水库除险工程等建设步伐。

3. 对受洪涝和地质灾害威胁的群众，抓紧实施“移民搬迁工程”。

三、开展洪涝灾害的监测、预警预报和应急演练

1. 做好洪涝和地质灾害易发区日常监测。要加强对洪涝和地质灾害易发区隐患的排查工作，做好地质情况的监测，加强日常巡查。

2. 加强洪涝和地质灾害的预警预报。防汛、国土、气象、水文等部门应加强合作与交流，联合开展洪涝和地质灾害预报监测，及时通报灾情、水情、雨情等信息，适时发布预报和警报，并采取有效措施及时通知相关地区做好防御。

3. 组织开展应急演练。在制定洪涝灾害防御预案和躲灾避灾方案后，应广泛告知责任区群众，让大家熟悉各自的职责，熟悉警报信号、转移路线及临时安置地点等，组织开展防御演习，提高应急处置能力，减少灾害造成的损失。

四、强化灾后农作物复产管理措施

密切留意天气预报，在暴雨洪涝形成前做防御准备固然重要，但加强受灾后农作物复产管理更是必不可少（黄美华，2016）。

1．灾后水稻复产管理措施：需做好水渠的排涝清淤，减少禾苗受浸泡时间，清理烂叶黄叶，退水后及时泼水洗苗，轻露田、浅灌溉。同时，要加强病虫害的防治，预防白叶枯、稻飞虱等病虫害的流行发生。

2．灾后蔬菜复产管理措施：对已经倒伏的瓜豆等架棚蔬菜，应在暴雨过后及时排除田间积水，培土扶正，及时修复加固架棚设施。对白菜、菜心等叶菜应抓紧淋水清洗淤泥，减轻灾害。刚移植大田的蔬菜幼苗要及时查苗补缺。同样，要预防根腐病、疫病、蚜虫等蔬菜病虫害的流行发生。

3．灾后果树复产管理措施：受淹的果园要及时开沟排水，土壤稍干后进行土地翻耕松土。倒伏的树木应及时清洗，并在土壤湿润时进行培土、夯实，对伤根过重的树要剪除部分枝叶，疏除部分果实，以防水分补充不上造成果树死亡。要采取追施复合肥、灌施植物生根剂、叶面喷施氨基酸叶面肥料等措施，促使果树萌发新梢，恢复树势。要预防病虫害发生。

第五章

纳溪区气象与水稻种植

2006年纳溪区被列入四川省粮食生产大区，其中水稻种植面积和总产量均位居全区粮食作物之首。近年来，通过区财政投入专项资金，整合水稻高产创建项目等措施，着力调整水稻品种结构，打造优质稻示范片，带动全区优质稻规模迅速扩大和产量稳步提高，解决了以前水稻生产中品质优产量低和产量高品质低的难题。据统计，纳溪区全区水稻种植面积约26.72万亩、产量13.97万t，其中中档优质稻面积约17.2万亩、产量8.94万t，高档优质稻面积约4.5万亩、产量2.33万t。主要品种有：宜香3728、宜香725、内香2550、宜香707、宜香2308、中优368、中优177、D香101等。

这里重点介绍水稻种植技术。根据纳溪区地理、气候特征、光热水资源，从对合理调整大农业结构和农业气候角度做出水稻种植区划；总结纳溪区水稻生长发育规律、各生育期气象指标，提出趋利避害措施、生产对策建议等。

第一节　纳溪区水稻生长发育规律

纳溪区水稻全生育期约150—170 d，整个生长周期分为幼苗期、分蘖期、拔节孕穗期、抽穗开花期和灌浆成熟期。

一、幼苗期

幼苗期是指从种子发芽到第三片完全叶长成这段时期，约40 d，一般要经过催芽和秧田育苗两个过程。种子发芽的最低温度为10～12℃，发芽最快是30

～35℃，高于40℃会造成烧芽。

在秧田落谷后种子根往下扎，抽出不完全叶，随后相继长出第一、二、三片完全叶，种子根也不断形成初生根系，此时称三叶期，又称“脱乳期”。由于这个时期种子中养分耗尽，幼苗根系弱小，是容易受到不良气象条件影响的重要时期。

秧苗生长须在10℃以上，最适宜温度是20～25℃；超过25℃，细胞分裂快，幼苗纤弱；长期超过30℃，则易感染病害，尤其是恶苗病，且多发生在早秧上。

常规栽培条件下，水稻移栽前可施药一次，带药移栽可减少早期秧苗病虫害。

二、移栽期

水稻移栽的最低温度为13～15℃，最适温度为25～30℃，最高温度为35℃。温度过高时，会造成烧苗。水稻移栽时需30 mm的浅水层覆盖，有利于促进早分蘖；返青时水层适当加深，以40～50 mm为宜。

三、分蘖期

分蘖期是指从第四完全叶生长到稻穗开始分化的一段时期，是长叶、长根、长蘖的时期。生产上，这时期是移栽到拔节阶段。

水稻基部有密集的茎节，每个茎节的基部都有一个侧芽，在适宜的条件下长成侧茎为分蘖。凡能抽穗结实的分蘖称为有效分蘖，不能抽穗结实的分蘖称为无效分蘖。水稻分蘖要求较高的温度，充足的阳光和适当的水分。一般分蘖所需的最低温度为15～16℃，适宜温度是25～30℃，气温在20℃以下或38℃以上都不利于分蘖的发生。如果阴天多，日照不足，分蘖显著减少。气温在15℃以下时，分蘖处于停滞生长状态。

分蘖期是水稻一生中第一个不可缺水受旱的时期。

四、拔节孕穗期

拔节孕穗期是指水稻节间开始伸长，茎的基部由扁平变成圆筒，同时茎的生长点开始分化逐渐形成幼穗的一个时期。这一时期是水稻一生中生长最快，吸收水分和养分最多，光合作用最强的时期，也是决定水稻穗大粒多的关键时期，因此要求充足的阳光和足够的水分、养分。

水稻在幼穗分化过程中对温度和水分的反应很敏感，幼穗发育的适宜温度为30℃左右；温度低于20℃对幼穗发育不利；当最低气温在15～17℃以下时，抽穗迟缓，不实率显著增加。此时期若水分不足，会延缓稻穗的形成，尤其是在减数分蘖期缺水受害，则使颖花退化不孕，是水稻一生中的“水分临界期”。

五、抽穗开花期

抽穗开花期是指稻穗从剑叶内抽出并开花的一段时期，通常抽穗的当天或第二天就陆续开花。水稻抽穗快慢与温度、品种和栽培条件有关，就温度而言，温度高，抽穗期短而整齐。水稻开花的顺序以一株来说先主茎后分蘖茎，一穗来说自上而下。水稻开花以晴暖微风的天气最好，阴雨、低温、大风、干旱天气对开花授粉不利，会形成较多的不实率。抽穗开花的最适宜温度为30～35℃，高于40℃花丝容易干枯，低于20℃则不能正常受精结实。

六、灌浆、成熟期

水稻开花授粉后，子房开始膨大即进入灌浆成熟期。依外部形态和内含物的不同，可分为乳熟期、黄熟期和完熟期。水稻灌浆结实要求的适宜温度是25～30℃，光照充足、气温日较差大，有利于有机物质的制造和积累，籽粒饱满。乳熟期仍需要充足的水分。成熟期如遇低温、阴雨、寡照天气，则籽粒不饱满、延迟成熟，易倒伏而降低产量和质量。如遇大于35℃的高温天气，则易造成高温不实和高温逼熟。

第二节　纳溪区水稻生育期气象指标

水稻从种子萌发到稻穗谷粒成熟，经过种子萌发、幼苗生长、分蘖、拔节、幼穗分化、孕穗、抽穗扬花、灌浆直至成熟的总天数称之为水稻的生育期。

一、水稻

1．水稻生育指标

水稻生长各个物候期、时段、气候条件及不利影响、对气象条件要求见表5.1。

表5.1 水稻生长各个物候期、时段、气候条件、不利影响、对气象条件要求

物候期	时段	气候条件			不利影响	重要农事季节、主要农事活动及关键生育期等对气象条件的要求
		光	温	水		
播种至出苗期	3月5日至3月20日	3月上旬平均日照时数25.3 h； 3月中旬平均日照时数29.3 h	3月上旬平均气温14.1℃ 3月中旬平均气温15.1℃	3月上旬平均降水量13.8 mm 3月中旬平均降水量22.0 mm	春季低温连阴雨	1．发芽：最低气温10～12℃，最高温度40～42℃，最适温度28～32℃ 2．大田播种：日平均气温稳定在10℃以上，最低气温5℃以上，连续3～5个晴好天气 3．保温育秧：日平均气温稳定在8℃以上，连续3个以上晴好天气 4．幼苗：最适温度25～30℃
移栽至分蘖期	4月10日至5月25日	4月中旬平均日照时数43.9 h 4月下旬平均日照时数48.8 h 5月上旬平均日照时数40.0 h 5月中旬平均日照时数39.8 h	4月中旬平均气温20.1℃ 4月下旬平均气温21.9℃ 5月上旬平均气温22.1℃ 5月中旬平均气温22.6℃	4月中旬平均降水量31.1 mm 4月下旬平均降水量42.1 mm 5月上旬平均降水量36.6 mm 5月中旬平均降水量57.5 mm	低温阴雨 暴雨洪涝 稻飞虱	1．移栽后温度≤12℃，持续5天，并伴有阴雨，易造成僵苗死苗 2．移栽返青：最低温度15℃，最适温度20～25℃，风力<3级 3．分蘖、拔节：最低温度14～16℃，最适温度25～32℃，晴朗微风，日照充足
孕穗至抽穗开花期	6月1日至6月30日	6月上旬平均日照时数36.7 h 6月中旬平均日照时数40.8 h 6月下旬平均日照时数43.0 h	6月上旬平均气温24.4℃ 6月中旬平均气温25.3℃ 6月下旬平均气温26.1℃	6月上旬平均降水量46.8 mm 6月中旬平均降水量65.2 mm 6月下旬平均降水量63.4 mm	暴雨洪涝 稻飞虱、螟虫、纹枯病、小满寒、穗颈稻瘟病、高温逼熟	1．孕穗、抽穗：最低气温20℃，最适温度25～30℃ 2．抽穗扬花期无雨，日照充足，风力1～2级 3．最适气温25～30℃，昼夜温差大，日照充足 4．暴雨强降雨，对孕穗不利

续表

物候期	时段	气候条件			不利影响	重要农事季节、主要农事活动及关键生育期等对气象条件的要求
		光	温	水		
灌浆成熟期	7月1日至7月30日	7月上旬平均日照时数57.2 h 7月中旬平均日照时数77.6 h	7月上旬平均气温27.3℃ 7月中旬平均气温27.9℃	7月上旬平均降水量55.7 mm 7月中旬平均降水量58.9 mm	高温逼熟	最适气温25～30℃，昼夜温差大，日照充足

2．水稻各物候期措施建议

（1）播种到出苗期措施建议

纳溪区水稻主要是头季稻收割后蓄留再生稻的方式。为了确保两季收成，头季稻一定要适时早播早栽，以促进早熟早收，尽量选用分蘖能力强、优质高产的品种。一是适时抢晴播种，播期卡在3月10日前播种，在平均气温回升到10℃以上的晴天。二是保温育秧，做到湿播旱育，播后盖膜7—10 d内以密闭为主，气温超过25℃，应及时通风炼苗。三是育苗移栽，做到湿润扎根，浅水勤灌，遇寒潮时，灌水护秧，温度回升后逐渐排水，防止淹水时间过长。四是秧田施足基肥，及时追施“断奶肥”、“送嫁肥”。五是及时防治病虫害虫，除草、除稗。

（2）移栽到分蘖期措施建议

一是有水返青、浅水分蘖；早施分蘖肥；及时除草除稗；查苗补缺、移密补稀。二是三类苗及早补施分蘖肥。三是及时晒田控分蘖；晒田复水后看苗巧施孕穗肥；及时防治病虫害。四是低温来临时灌水护苗，温度回升后逐渐排水增温。五是发现部分死苗，及时移苗补蔸。

（3）孕穗到抽穗开花期措施建议

一是湿润或浅水孕穗，寸水抽穗。二是看苗酌情补施穗粒肥。后期叶面喷施。三是抽穗田里有浅水，灌浆结实期以湿为主，防止断水过早。

（4）灌浆成熟期措施建议

一是遇高温采用灌水或流灌降温。二是遇暴雨洪涝要及排涝。三是养根保叶，增粒、增重。四是防止断水过早。乳熟至黄熟，田间宜采取干干湿湿，以湿为主，做到青秆黄熟籽粒饱满，粒重增加。做到完熟收割，有利于培养再生芽的萌发、早发、快发，收割期保证在8月15日为宜。

二、再生稻

1. 再生稻生育指标

再生稻生长各个物候期、时段、气候条件及不利影响、对气象条件要求等见表5.2（蒋泽国，2008）。

表5.2　再生稻生长各个物候期、时段、气候条件、不利影响、对气象条件要求

物候期	时段	气候条件			不利影响	重要农事季节、主要农事活动及关键生育期等对气象条件的要求
		光	温	水		
再生芽萌发期	7月中旬至下旬	7月中旬平均日照时数57.3 h 7月下旬平均日照时数78.3 h	7月中旬平均温度26.8℃ 7月下旬平均温度27.5℃	7月中旬平均降水量61.8 mm 7月下旬平均降水量52.3 mm	1. 高温干旱，再生芽萌发受阻 2. 降雨过大可造成促芽肥流失 3. 洪涝导致低节位腋芽被淹，在高温天气下会很快死亡	1. 病虫，特别是纹枯病气象条件的分析与预测 2. 促芽肥施肥天气条件分析预测 3. 高温、干旱调查分析建议
头季稻收割和发苗期	8月上旬至8月中旬	8月上旬平均日照时数70.0 h 8月中旬平均日照时数56.7 h	8月上旬平均温度27.7℃ 8月中旬平均温度26.6℃	8月上旬平均降水量35.6 mm 8月中旬平均降水量56.4 mm	1. 腋芽萌发生长的适宜气象条件是日平均气温24～27.0℃，空气相对湿度81%～85%，休眠芽萌发的速度快，且萌发的苗数多 2. 日平均气温超过28℃，日照多，无降雨的天气条件下，水稻休眠芽不能萌发，部分上位休眠芽因稻桩失水过多而萎蔫死亡 3. 水分条件：头季稻收割3日内，需要保持田间湿润，既不能淹又不能太干。灌水过深，会淹没低节位腋芽，在高温天气下会很快死亡，且长期淹水使根系衰老丧失活力。如田间断水，土壤干燥，在高温天气下，田间蒸发量和稻桩蒸发量都大，稻桩干枯，腋芽不能萌发，即使萌发也失水死亡	1. 头季稻收割期间天气预测 2. 发苗期天气条件分析

续表

物候期	时段	气候条件			不利影响	重要农事季节、主要农事活动及关键生育期等对气象条件的要求
		光	温	水		
再生稻抽穗期	9月上旬至月中旬	9月上旬平均日照时数43.8 h 9月中旬平均日照时数34.2 h	9月上旬平均温度24.5℃ 9月中旬平均温度22.5℃	9月上旬平均降水量49.2 mm 9月中旬平均降水量35.2 mm	1、再生稻抽穗扬花需要20～22℃以上的日平均气温，低于20℃则不能正常受精结实，抽穗扬花的适宜相对湿度是70%～80% 2、抽穗扬花期间，若日平均气温连续5 d低于21℃或连续3 d低于20℃，结实率会显著下降，特严重时造成绝收	1、抽穗期天气条件预测分析 2、关注低温天气影响
再生稻收割期	10月上旬至中旬	10月上旬平均日照时数20.3 h 10月中旬平均日照时数13.5 h	10月上旬平均温度19.3℃ 10月中旬平均温度17.8℃	10月上旬平均降水量30.7 mm 10月中旬平均降水量30.8 mm	1、晴好天气，有利于再生稻的收割晾晒 2、如遇秋绵雨，再生稻收晒困难，甚至出现发霉生芽	收晒利弊天气条件分析

2. 再生稻各物候期措施建议

（1）再生芽萌发期措施建议

一是密切关注病虫发生情况，及早防治水稻纹枯病。二是适时追施促芽肥，选择晴好天气施用，避免施肥三日内出现强降雨，造成肥料流失。三是遇高温干旱和缺水，促芽肥应早施、重施；四是对于出现洪涝的再生稻蓄留田块及时排涝，倒伏田块及时扶苗，避免腋芽受到长时间的浸泡。

（2）头季稻收割和发苗期措施建议

一是头季稻收割3日内遇高温天气采用早晚水泼稻桩或稻草遮盖护芽。二是在发苗期，稻田以保持湿润最好，即不能淹又不能太干燥。若收割前后遇高温干旱天气，最好是土壤湿润收割，收割后及时灌跑马水。

（3）再生稻抽穗期措施建议

一是喷施叶面肥，减少包颈，提高抽穗整齐度和结实率。二是密切关注抽穗期天气，遇低温天气，可深灌以养穗防寒。在有条件的地方，可“日排夜灌”，以水调温，改善田间小气候，减轻低温的危害。

3. 再生稻高产的六个关键技术

发展再生稻，可以充分利用光、热、水和土壤等自然资源，提高单位面积产量，提高粮食品质，增加社会粮食总量，能有效地保护粮食生产能力。再生稻米质好、食味佳、无污染，是理想的绿色大米，深受人们喜爱。要夺取高产，应抓好6个关键技术：

（1）合理布局，选用高产良种

合理布局，是再生稻大面积高产的关键。可选择海拔500 m以下有水源保证的稻田，集中成片种植，头季在8月15日前能收获，再生稻9月20日前安全齐穗的地方。品种应选头季产量高，再生力强，生育期适中的品种。例如金优725、准两优527、k优88、Ⅱ优60、优926、D优68、K优130、油优多系一号等杂交良种。

（2）种好头季稻，为再生稻高产打基础

一是适时早播，大力推广早育秧和抛秧。播种前浸种消毒、催芽。二是适时早栽、栽足基本苗。一般每亩栽1.2万窝，每窝栽2粒谷秧。三是配方施肥，每亩施35%的N、P、K水稻专用肥30 kg或25%的N、P、K专用肥40 kg作底肥，适当补施分蘖肥；四是搞好水浆管理和病虫防治。保护好茎干、叶片、腋芽。五是不准放干水收割，坚持保水割谷。

（3）适时施足促芽肥

在头季齐穗后14—15 d每亩施15～20 kg尿素作促芽肥。

（4）看芽收割头季

看芽收割头季，在头季中稻成熟后，全田倒二、三节芽有70%以上达到2～4 cm时收割头季，这样既保证了头季高产丰收，又有利于再生稻迅速发苗。

（5）高留稻桩，保留倒二芽

头季稻收割时，适当高留桩，刀要快、平割禾蔸，做到留二保三争四、五节位芽，尽量减少倒桩破裂，根据品种的植株高度确定留稻桩高度。一般留桩高度33～40 cm或保留植株高度的1/3。

（6）加强田间管理，确保高产丰收

一是收后及时运走稻草，除去杂草，扶正稻桩。二是如遇连晴天气在收割当日傍晚、次日和第三日早晨和傍晚，浇水泼桩。三是头季收后2—3 d及时追施提苗肥，每亩施尿素3～5 kg或猪粪1000 kg作为发苗肥。对长势差的田块，用磷酸二氢钾作叶面追肥1次。四是在发苗期和始穗期用“九二零”1～2 g/亩兑水50 kg喷施稻苗，达到增产。五是搞好螟虫和纹枯病防治，保证增产丰收。六是防止人畜践踏，确保增收到手。

第三节　影响纳溪区水稻的主要气象灾害

影响纳溪区水稻的主要气象灾害有倒春寒、五月低温、寒露风、连阴雨、暴雨洪涝、高温热害、干热风、干旱等。

一、低温冷害

早稻气象灾害主要有寒潮、倒春寒和五月低温，常常造成中稻烂种、烂秧、死苗或禾（秧）苗生长不良。

（1）寒潮

受北方冷空气的入侵，使当地气温在48 h内任意同一时刻的气温下降12℃或以上，同时最低温度又在5℃以下，称为寒潮。受北方冷空气的入侵，使当地气温在48 h内任意同一时刻的气温下降16℃或以上，同时最低温度又在5℃以下，称为强寒潮。寒潮一般发生在春、秋两季，以春季最为常见，春季寒潮又多发生在3—5月。寒潮主要造成水稻秧苗期烂种、烂秧和死苗。

防御措施：

一是确定安全播种期。纳溪区早稻播种一般在3月中上旬，此时正是寒潮的多发阶段，根据水稻的生长发育温度要求，早稻必须在日平均气温稳定通过12℃时播种较为安全。在春播期间要注意收听当地气象预报，掌握在寒潮到来的前夕浸种，寒潮期间催芽，寒潮过后，抢在“冷尾暖头”播种，力争播后3～5 d晴天，促进扎根扶针。

二是选用优良品种。选用产量高、抗寒性强、生育期适宜、米质好和适应性广的品种。

三是合理的栽培模式。要选择旱育秧等合适的育秧方式。要合理选择苗床，宜选择背风向阳、排灌方便和土壤肥沃的地块作苗床。不仅可满足育秧所需的温、肥和水需要，而且可以在强寒潮来时采取盖膜、措施护秧。要科学管理。寒潮期间，苗床要盖严地膜，保温防冻，防止通风漏气。寒潮过后，待天气转好后，先放水，通风炼苗，再撤膜。对于叶片青枯或黄枯而根、茎未受害的秧苗：一是浅水养苗，采用灌水或浇水补充水分，保持床土湿润，促进秧苗尽早恢复生机；二是施肥促苗，采用由淡到浓，“少吃多餐”的办法，每公顷追施草木灰1000 kg或喷洒0.2%磷酸二氢钾溶液750 kg，促进秧苗生长；三是防病保苗，对发生纹枯病的秧苗，用5%井冈霉素水剂每亩150 ml加水50～70 kg喷洒秧苗，提高秧苗素质；四是延时壮苗。

（2）倒春寒

在春季天气回暖过程中，常因冷空气的侵入，使气温明显降低，对作物造成危害，这种“前春暖，后春寒”的天气称为倒春寒。在气象上有标准的定义，是指中稻播种育秧期间出现的某旬平均气温比历年平均气温偏低2℃或以上，且较上一旬平均气温还要低的一种低温冷害，即该旬为倒春寒。倒春寒是中稻播种育秧期的主要灾害性天气，是造成中稻烂种烂秧的主要原因。倒春寒主要影响中稻的播种育秧，若是发生在播种前夕，则会导致早稻播种期推迟；若是发生在播种以后，则会引起中稻烂种、烂秧、死苗或秧苗枯黄、素质低下等，对中稻生产有较大影响。倒春寒可分为轻度、中等、重度。

防御措施：

一是确定中稻的适宜播种期和移栽期。软盘育秧或旱育秧起点温度为日平均气温稳定通过12℃初日，80%的保证率。小苗带土移栽的下限指标为日平均气温稳定通过15℃的初日。

二是掌握倒春寒发生规律，收听倒春寒天气预报。农谚说：“春天的天气，孩儿脸”，说明春天的天气多变，时暖时冷，要抓住天气演变过程中的“冷尾暖头”抢晴播种。一般当日平均气温到达12℃、最低气温不低于5℃，播后有3～5个晴天（每天日照在3 h以上）就有利于早稻播种育秧。

三是育秧期间，采用以水调温方式，冷天满沟水，阴天半沟水，晴天排干水，科学适用催苗肥、送嫁肥，提高秧苗素质。

四是加强田间管理，改善农田小气候条件。对早稻秧田进行科学排灌，在倒春寒到来时进行深水护秧，采取“夜灌日排”、“晴排雨灌”，调节秧田水热状况。

五是大力推广软盘温床育苗和抛栽技术，减少直播，降低倒春寒危害。

（3）五月低温

五月低温主要是指五月出现持续5 d或以上日平均气温≤20℃的低温天气，有轻度、中等和重度三个等级。这种低温天气，一方面造成早稻不能分蘖发蔸，影响分蘖进度与低位分蘖的数量，由此推迟季节，减少有效分蘖数，降低产量；另一方面，影响早熟中稻品种的幼穗分化，致使颖花退化，造成花粉不育不结实，增加稻穗的空壳率，造成中稻减产。

防御措施：

一是选择抗低温强的中熟中稻品种，适时早抛早栽禾苗。

二是合理灌溉，以水调温：灌水时做到白天浅夜间深，尽量提高泥温；如遇上强寒潮天气，则应适当深灌，以水保温防寒。

三是及时追施速效肥，不但增温保温，还有利于禾苗早生快发。早稻分蘖到一定程度后，应及时排水晒田，搞好中耕工作，提高泥温促进根系生长，增加有效分蘖数。

四是受“五月低温”和暴雨危害的稻田，容易诱发病虫害，要密切注意病虫害发生发展态势，及时喷药预防病虫害，严防病虫暴发成灾。

二、暴雨与洪涝

暴雨以降雨强度表示，多以24 h内降水量的多少表述。按其降雨强度又可分为暴雨（24 h内降水量≥50 mm）、大暴雨（24 h内降水量≥100 mm）、特大暴雨（24 h内降水量≥200 mm）。暴雨又常导致洪涝，根据洪涝灾情专项实地调查、观察，得到了导致洪涝强降雨的气象指标：24 h降水量≥100 mm；连续2 d以上日降水量≥150 mm；任意连续10 d降水量≥200 mm。

具备上述条件之一均可发生致洪灾害。暴雨与洪涝的发生重则冲毁稻田，造成水稻绝收；轻则造成肥料流失，影响水稻生长发育期。

防御措施：

一是加强暴雨监测预报，搞好预警服务工作。兴修水利增强排泄洪水能力，主要及时开沟沥水，以减轻淹涝程度与减少淹涝时间。

二是淹涝灾害退水后，水稻应及时采取各种补救措施。如抢晴天及时喷打农药预防各种病虫害的发生流行；及时施加速氮、磷、钾肥，增强禾苗的抗性，尽力保苗；有水冲砂压时，尽力搬走稻田冲击物；水稻刚插不久的，退水后应及时查苗补缺。如难以补救时，及时调整稻田种植（徐培智 等，2012）。

三、高温热害与干热风

气象部门规定将日最高气温≥35℃称为高温天气，如果高温天气持续一定天数，就会对农作物产生危害，造成作物生理失调，作物叶片枯萎。因而，我们将日最高气温≥35℃连续5 d或以上的高温天气称为高温热害。高温对水稻危害较为明显，危害敏感期是水稻的盛花——乳熟期，水稻受害表现为最后三片功能叶早衰发黄，灌浆期缩短，千粒重下降，秕粒率增加，使开花灌浆期水稻形成高温逼熟。早稻、早中稻、杂交稻的灌浆期正值盛夏，往往受其危害。7月上中旬的高温热害对中稻影响明显，特别是中稻正处于抽穗扬花和灌浆成熟阶段，高温热害对抽穗扬花明显不利，造成颖花退化和花粉减少，授粉也明显受阻，导致结实率下降，空壳率增加；部分中稻“高温逼熟”明显，粒重降低，品质下降。高温造成水稻早穗（生育期缩短、叶片数减少、穗头小、秕谷粒多）；影响结实率（水稻开花至成熟期遇高温，降低结实率，千粒重下降，空秕率增加，产量下降）。

干热风是指日平均气温≥30℃，14时相对湿度≤60%，出现三级（3.4～5.4 m/s）或以上的偏南风，持续3 d或以上的一种灾害性天气。干热风实际上是一种气温很高而且十分干燥的偏南风天气，有些地方也称为“火南风”，如果中稻在抽穗扬花期间遇上干热风的危害，可使花粉浓度加大、柱头干枯授粉极为困难，影响中稻的结实率。如果稻在灌浆成熟期遇上了干热风的危害，就容易造成水稻生理代谢失调，植株早衰，生育期缩短，千粒重下降，产生高温逼熟现象，从而降低产量。

防御措施：

一是选择适宜的品种，适当早播，尽可能避免或减轻高温危害。

二是科学灌水，抗御热害。高温来临时，可采取日灌夜排或适当加深水层；也可采取喷水方式（必须在盛花前后进行）降低田间温度，增高空气湿度，提高结实率和千粒重。

三是中稻开花至灌浆期间，在干热风来临之前，采取深水套灌保持一定水深；干热风期间在10时和14时采用喷水或结实叶面喷肥液方法，能减轻干热风危害。

四是喷洒化学药剂（磷酸二氢钾）、草木灰水，对防御和减轻高温以及干热风的危害具有一定效果。

四、干旱

干旱是水稻生产上的一种常见气象灾害，主要是由于降雨的时空分布不均造成的。干旱可影响中稻的灌浆结实造成高温逼熟。

防御措施：

一是采用干湿相结合的灌溉方式，以节约用水。

二是在水稻孕穗期间，每亩喷施一包旱地龙抗旱剂。

三是做好早期水库、塘坝蓄水和田间用水的科学管理和计划；增强蓄水调控能力 ，加强水利综合配套工程建设。

四是干旱季节及时抓住有利天气条件，组织人工增雨作业，开发利用空中水资源，缓解干旱危害。

五、秋季低温阴雨

再生稻生育后期的气温偏低和日照偏少，对灌浆成熟不利，造成全生育期延长，影响再生稻的增产。

防御措施：

一是搞好再生稻后期管理，不要过早断水，保持田间干干湿湿到谷黄，防止早衰和倒伏。

二是再生稻成熟度达95%左右为收割适期，收割前5 d排水干田，防止收割时水浸稻谷，降低米质。稻谷不能晒干时，应放在干爽通风避雨的地方勤翻拌和薄摊，严防摊区发烧。

第四节　纳溪区水稻种植区划

在对纳溪区农业气候资源的详细分析，并结合水稻生长发育特点和试验研究的基础上，根据对水稻分布有决定意义的农业气象指标，利用GIS技术，得出纳溪区水稻种植精细化气候区划图（见图5.1）。

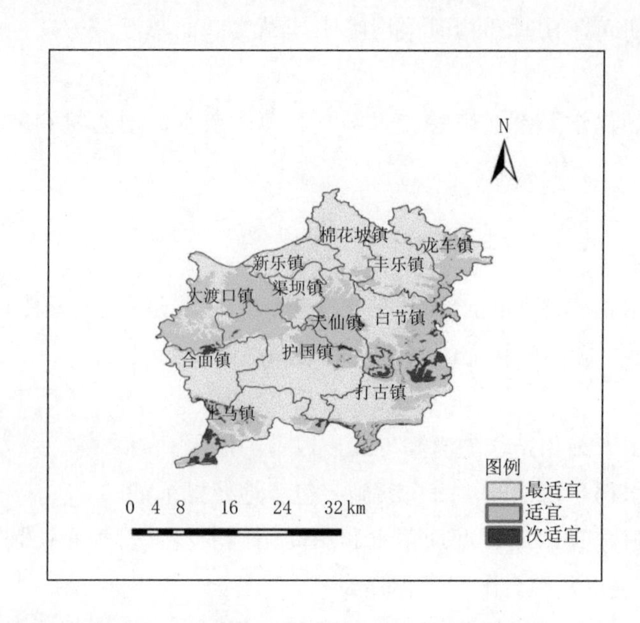

图 5.1　纳溪区水稻种植精细化气候区划图

一、最适宜区

气候最适宜区主要集中在纳溪区低海拔地区，包括棉花坡镇、新乐镇、丰乐镇、护国镇、合面镇及打古镇的大部，渠坝镇、白节镇的部分区域。上述区域海拔均较低，地貌以平坝、低丘为主，年降水量均在1000 mm以上，自然降雨资源能很好保障优质水稻生产需求。在水稻播种至抽穗期间的≥10℃积温在2600℃·d以上，热量资源条件利于促进水稻生长前期形成大田丰产结构。在抽穗至成熟期间，该区域的平均气温27℃左右，日照时数在200—210 h，较好的光、热条件基本满足形成优质水稻的需求。

盛夏高温是影响该区域水稻高产、优质年际变化的主要气象因子。

二、适宜区

气候适宜区主要集中在纳溪区中部及南部海拔相对较高的由平坝向高山过渡的区域，包括了大渡镇、天仙镇全部，龙车镇、白节镇及上马镇的大部，打古镇局部区域。上述区域为纳溪区海拔相对较高地区，年降水量均在900～1000 mm，自然降雨资源能很好保障优质水稻生产需求。在水稻播种至抽穗期间的≥10℃积温在2500～2600℃·d，热量资源条件基本满足水稻生长前期形成大田丰产结构的需求。在抽穗至成熟期间，该区域的平均气温26～27℃，日照时数为205～215 d，较好的光、热条件基本满足形成优质水稻的需求。

三、次适宜区

气候次适宜区主要集中在纳溪区高山区，包括了打古镇、白节镇、上马镇，以及大渡镇靠南靠北的局部山区。上述区域为纳溪区的高海拔山区，热量条件的不足是制约该区域开展水稻生产的关键气象因子。

需要说明的是，由于本区划主要依据气候数据资料，实际种植中还需结合当地土壤、地形等因素，选择合适的种植区域。

第六章

纳溪区气象与茶树种植

纳溪区是农业部命名的名优早茶基地和无公害茶叶基地之一，所产茶叶具备“早、优、香”特点，比江浙一带早一个月，比川西北早7—15 d，是全球同纬度最早的茶叶。经过30余年的培育和发展，到2015年底，全区茶园总面积达到27万亩多，茶叶总产量达12050 t，茶业综合产值25亿元。纳溪区是泸州市最大的名优茶生产基地和无性系良种茶苗繁育基地，茶叶面积、产量、产值均是泸州市第一位。当前主推品种有乌牛早、平阳特早、福选9号、黄金茶、黄金芽、中黄1号、名山213、311、131、福鼎大白茶等，全区已在白节镇建成了全省第一大有机茶基地一个，认证面积2680亩；在护国、天仙、上马、大渡口、打古等镇建立无公害茶基地7个，面积187万亩多。

这里重点介绍茶树种植技术，包括几个方面的内容：根据纳溪区地理、气候特征、光热水资源，从对合理调整大农业结构和农业气候角度做出茶树种植区划；总结茶树生长发育规律、各生育期气象指标，提出趋利避害措施、生产对策建议等。

第一节　纳溪区茶园栽培技术

一、茶园基地的选择、规划

1. 产地环境条件应符合NY5020的要求

土壤pH值4.5～6.5，土层深厚，有效土层超过60 cm，养分丰富而且平衡。在0～45 cm土层的有机质含量≥15 g/kg，有效氮含量≥120 mg/kg，有效钾含量≥100 mg/kg，有效磷的含量≥20 mg/kg，镁、锌等含量不缺，地下水位100 cm下，年降水量大于1000 mm，10℃以上积温大于3700℃·d，常年相对湿度70%以上。生产、加工、贮藏场所及周围场地应保持清洁卫生。

2．茶园生态环境的维护与建设

应科学合理地在茶区和茶园四周及道路两旁与茶树相适宜的树木，可选择桂花、银杏、水杉等树种。一般每亩间种20～30株，营造防护林，形成良好的生态环境，有效抵御部分工业废气的污染，起到遮荫、防风抗寒的作用，并能调节和改善茶园小气候，防止水土流失。

3．道路和水利系统

根据基地规模、地形和地貌等条件，设置合理的道路系统，包括主道、支道、步道和地头道。大中型茶场以总部为中心，与各区片块有道路相通。规模较小的茶场，设置支道、步道和地头道。建立完善的水利系统，做到能蓄能排。宜建立茶园节水灌溉系统。

二、茶园开垦

1．开垦

平地和坡度15°以下的缓坡地等高开垦，梯面宽1.5～3 m；坡度在15°以上时，建筑内倾等高梯级园地。开垦深度在50 cm以上，在此深度内有明显障碍层的土壤应破除障碍层。茶园与四周荒山陡坡、林地和农田交界处应设置隔离沟。

2．种植前施足底肥

挖种植施肥沟深0.4～0.5 m，宽0.67 m左右，施肥深度40 cm左右。每亩施入腐熟农家有机肥1000 kg 或油枯150 kg+钙镁磷肥100 kg。

3．选择适宜良种

茶树品种的选择，应适宜纳溪区土壤、气候等生态条件和适制茶类的茶树品种；选择抗病虫能力较强、经审定的、无性系中小叶类的绿茶优良品种，种植前应按GB11767要求对苗木进行质量检验和植物检疫。推荐使用的茶树品种：福选9号、乌牛早、名山311等特早品种。

三、茶园栽植

1．栽植规格

采用单条或双条栽方式。单行条栽：行距1.33 m左右，窝距0.17 m左右，每窝栽两株，亩植苗6000株左右。

双行条栽：大行距1.4 m左右，小行距0.33 m左右，株距0.33 m左右，每窝两株，亩植苗5500株左右。

2．茶苗移栽

移栽时间：一般秋栽是9—11月为宜，春栽在雨水节前后即可。

放线打窝：首先浅锄欠细土壤，再按大小行距放线打窝深0.13 m左右。

移栽要领：栽苗深0.1～0.133 m，茎秆埋土0.05 m左右，根系离底肥10cm以上，要求根系舒展，逐步加土，踩紧踏实，浇足定根水，对苗根带土少的应先用黄泥浆浆根后栽苗。

四、树体培养与修剪

1．定形修剪

定形修剪的目的是为了抑制茶树顶端生长，促进侧枝生长，迅速形成丰产采摘蓬面。定形修剪一般为3次，在2至3年内完成。对中小叶类茶树品种，一般情况可在前三年中每年定剪一次，定剪高度分别为离地16 cm，30 cm，40 cm下剪。在肥培管理水平较高的茶园可以苗高（或新枝）达到24 cm、茎粗0.3 cm作为每次开剪标准，定剪高度标准也分别为离地16 cm，30 cm，40 cm剪去上半部分，完成茶树的定型修剪。

2．轻修剪

完成定剪以后的投产茶园在每年茶季结束都要轻修剪一次，保证来年茶芽粗壮，剪位在当年春梢留桩0.1～0.13 m。

3．深修剪

一般在茶园投产5年后，树势衰退或产量显著下降时进行深修剪。剪除衰老鸡爪枝、密生冗枝、枯枝、标准是剪至树体萌芽力强的部位，一般离地60 cm左右，剪后留养一季，组成新的生产蓬面。

4．重修剪

茶树生长20年以上，生产力下降，经济效益降低，树势衰老茶园实行重修剪。可在春茶采摘后离地40～45 cm剪去茶树大部分枝叶，留3～4个骨干枝，加强肥培管理和病虫防治，经夏秋两季生长，恢复树势，第二年进入正常采摘。

5．台刈

茶树长到30—40年，长势很弱，病虫多，极度老化，可采取台刈更新，可春秋季节离地2～3 cm去掉茶树主干及所有枝叶，加强肥培管理和病虫防治，经2—3年恢复树冠，进入正常采收。

五、茶园施肥与肥料种类的选择

1．基本要求

生产上应选用允许使用的肥料种类（见表6.1），在不产生不良后果的前提下，允许有限度地使用部分化学合成肥料；化肥与有机肥配合施用，防止土壤板结，保证N、P、K养分的平衡供给，最后一次追肥应在茶叶采摘前20 d进行；叶面肥可施入一次或多次，最后一次喷施必须在采前10 d进行；不允许使用有害的城市垃圾和污泥、医院的粪便垃圾和含有害物质的工业垃圾，农家肥料要先腐熟达到无害化要求；微生物肥料应符合NY/227要求。利用山区资源充足的优势，广积天然绿肥和土杂肥或在空地较多的茶园种植绿肥等。

2．基肥和追肥

施肥分为基肥和追肥。基肥：以有机肥为主，于当年秋季开沟深施，施肥深度20 cm以上，一般每亩施油枯100～150 kg+钙镁磷肥75～100 kg或农家有机肥1000～2000 kg。

追肥：追肥可结合茶树生育规律多次进行以化学肥料为主，在茶叶开采剪前15～30 d开沟施入，深施10 cm左右。化学氮（如尿素）等追肥每亩每次施用量（纯氮剂）不超过15 kg、年最高总用量不超过60 kg。施肥后及时盖土。

施肥次数：一般每年按“一基四追六补”进行。对幼龄茶园除按每年秋季施一次基肥，春前、春后、夏中、秋前各施一次追肥外，在生长季节间隔20 d左右增补一次粪清水或淡肥水。对成龄茶园除按正常的“一基四追”外在生产季节再增补6次叶面肥。

表6.1　各种肥料情况

分类	名称	简介
农家肥	堆肥	以各类秸秆、落叶、人畜粪便堆制而成
	沤肥	堆肥的原料在淹水条件下进行发酵而成
	家畜类	猪、羊、马、鸡、鸭等畜禽的排泄物
	厩肥	猪、羊、马、鸡、鸭等畜禽的粪尿与秸秆垫料堆成
	绿肥	栽培或野生的绿色植物体
	沼气肥	沼气池中的液体或残渣
	秸秆	作物秸秆
	泥肥	未经污染的河泥、塘泥、沟泥
	饼肥	菜籽饼、芝麻饼、花生饼等

续表

分类	名称	简介
商品肥	商品有机肥	以动植物残体、排泄物等为原料加工而成
	腐殖酸类肥料	泥炭、褐炭、风化煤等含腐殖酸类物质的肥料
	微生物肥料	
	根瘤菌肥料	能在豆科作物上形成根瘤菌的肥料
	固氮菌肥料	含有自生固氮菌、联合固氮菌的肥料
	磷细菌肥料	含有磷细菌、解磷真菌、菌根菌剂的肥料
	硅酸盐细菌肥料	含有硅酸盐细菌、其他解钾微生物制剂
	复合微生物肥	含有两种以上有益微生物、它们之间互不拮抗的微生物制剂
	有机无机复合肥	有机肥、化学肥料或（和）矿物源肥料复合而成的肥料
	化学和矿物源肥料	
	氮肥	尿素、碳酸氢铵、硫酸铵
	磷肥	磷矿粉、过磷酸钙、钙镁磷肥
	钾肥	硫酸钾
	钙肥	生石灰、熟石灰、过磷酸钙
	硫肥	硫酸铵、石灰膏、硫磺
	镁肥	硫酸镁、白云石、钙镁硫肥
	微量元素肥料	含有铜、铁、锰、锌、硼、相等微量元素肥料
	复合肥	含各种营养蜂成分，喷施于植物叶片的肥料
	叶面肥料	根据茶树营养特性和茶园土壤理化性质配制的茶树专用的各类肥料
	茶树专用肥	

六、茶园的耕作与除草

1．除草

每年4次浅耕除草，在每年的春前、春后、夏中、秋初各进行一次。提倡使用人工除草。

2．深耕

一般每年9—10月对茶园应结合施基肥进行一次深耕，深度20～30 cm，深耕时注意尽量少伤根。

七、茶园采摘

应根据树龄和茶对加工原料的要求，分批、及时、按标准留养采摘。幼龄茶园，注意留养，可只采春茶，夏秋养蓬。盛产茶园有15%达标新梢可开采，全年采摘35批左右，下树率达到85%～90%。用手提采，保持芽叶完整、新鲜、匀净、不夹带鳞片、鱼叶、茶果和老枝叶，不宜捋采和抓采。

第二节　纳溪区茶树生育期气象指标

茶树喜温暖湿润，宜年平均气温15～25℃，≥10℃积温3000～4500℃·d，多年平均最低气温-10℃以上，年降水量1000～2000 mm的环境。

种植茶树的地方宜荫、湿和漫射光，日照百分率小于45%茶叶质量较优，小于40%质量更好。冬季有6周的白天日照短于11.5 h进入休眠，人工延长光照至13 h，可打破冬眠，促进新梢萌发、抑制开花，提高产量。因此平地、丘陵、高山均可栽种，尤其是丘陵山地多雾的环境更为理想。

茶芽萌动的起点温度，早芽型为5℃，中芽型为10℃，迟芽型为15℃；气温15～20℃，空气相对湿度80%的环境，生长较快，20～30℃生长更旺盛。18～22℃开花正常，夏温35℃生长缓慢，如伴干旱则停长；40℃以上枝叶灼伤。秋季气温下降到小于14℃时停止生长，-8℃受冻，-12℃枝芽枯萎死亡。

春茶（4月上旬至5月中旬）需10℃以上活动积温900℃·d左右，日照200 h左右，降水量300 mm左右；夏茶（5月下旬至8月上旬）需10℃以上活动积温2200℃·d左右，日照570 h左右，降水量410 mm左右；秋茶（8月中旬至9月底）需10℃以上活动积温1300℃·d左右，日照350 h左右，降水量150 mm左右。水分充足，积温越高，采茶期越长，产量越高。

春芽萌发至第一次采茶约需大于0℃积温500～700℃·d，温度适宜，两批采摘期需大于0℃积温170～380℃·d。茶树的正常生长发育和产量（茶叶）形成，要求全年降水量应在1200 mm以上，月降水量少于50 mm则受旱。茶园的空气湿度要保持在80%以上。旱涝、大风均对茶叶产量、品质形成不利，气温-15℃以下会导致大部甚至全部茶芽嫩梢冻枯。

根据纳溪区的气候特点，特提出如下各主要生育期气象指标及措施建议（见表6.2）

表6.2　茶树生育期气象指标及措施建议

月份	生育期	气候条件			指标及特征	措施建议
		温度（℃）	相对湿度（%）	降水量（mm）		
1	休眠期	7.4	87	29.0	（1）5～7℃幼树上部枝梢出现寒害 （2）-2～-1℃幼树被冻死，大树的树冠顶部枝梢干枯 （3）-4℃成年树也被冻死	（1）防寒（冻）害 （2）萌芽前15—20 d第一次追施春茶肥 （3）茶区极端最低温度预报
2	茶树萌芽期	9.5	84	30.7	（1）茶芽萌发生长 （2）气温低于0℃，新芽冻伤 （3）常年2月下旬开园采茶	（1）及时采摘单芽和一芽一叶初展的名茶原料 （2）注意春旱天气预报，预防早春低温寒害
3	春梢期	13.4	81	48.7	温度适宜茶树新梢快速生长	（1）适时合理采摘； （2）注意倒春寒对新芽叶的冻害
4	春梢末期	18.2	79	83.0	（1）温度适宜茶树新梢快速生长 （2）黑翅粉虱等害虫开始活跃并危害	（1）适时合理采摘 （2）注意黑翅粉虱防治 （3）4月底开始追施夏茶肥
5	夏茶始发期	21.9	80	143.2	气温升高，病虫危害普遍开始活跃	（1）注意小绿叶蝉和螨类防治 （2）夏旱天气预报 （3）适时合理采摘
6	夏茶期	24.0	85	173.7	高温高湿易诱发小绿叶蝉和螨类危害高峰	（1）适时采摘 （2）注意小绿叶蝉和螨类防治
7	夏茶末期	26.6	83	188.3	高温干旱的气候环境，有利于半附线螨等害螨发生	（1）防干旱 （2）适时合理采摘 （3）注意螨类等病虫防治 （4）7月底追施秋芽肥
8	秋茶始发期	26.6	81	152.9	高温干旱的气候环境，有利于半附线螨等害螨发生	（1）幼龄茶园防干旱 （2）注意茶园病虫防治

续表

月份	生育期	气候条件			指标及特征	措施建议
		温度（℃）	相对湿度（%）	降雨（mm）		
9	秋茶期	22.8	84	118.0	气温逐渐下降，并伴连阴雨天气	（1）合理采摘秋茶 （2）病虫防治 （3）开始秋季苗圃园扦插
10	秋茶末期 果实 初熟期	17.8	88	86.4	气温逐渐下降，并伴连阴雨天气；茶树地上部分逐渐停止生长，根系生长逐渐进入旺盛期	（1）摘花、摘果 （2）茶园管理工作（中耕除草、修枝、施肥、打药） （3）苗圃园扦插 （4）新茶园定植
11	休眠期	13.7	87	51.8	11月平均气温13.7℃，极端最高25.3℃，极端最低1.7℃；小阳春期，利于茶树根系生长	（1）茶园管理工作（中耕除草、修枝、施肥、打药） （2）重施基肥 （3）新茶园定植
12	休眠期	8.8	88	30.9	气温低，茶树地上部基本停止生长；地下部分根系生长缓慢	（1）茶区极端最低温度预报 （2）注意防冻

第三节　主要病虫害及防治措施

对病虫害的防治，应遵循“预防为主，综合防治”的方针，综合运用各种防治措施，尽量少用化学农药，保持茶园生态平衡和生物的多样性，减少农药污染。

以下列举出茶树病虫害种类，以及曾经用过或正在用的防治方法。在防治病虫害时，应结合国家有关规定和当前实际开展，特别是要慎重使用农药，即使使用也应按国家最新要求执行。

一、虫害种类及防治措施

1．茶小绿叶蝉

茶小绿叶蝉在纳溪区比较常见，是影响茶树生长的主要虫害之一。

该虫主要以成虫、若虫刺吸茶树嫩梢汁液，雌成虫产卵于嫩梢茎内，致使茶树生长受阻，被害芽叶卷曲、硬化，叶尖、叶缘红褐焦枯。在低山茶区该虫年发生12—13代，危害盛期5—6月和9—10月；高山茶区该虫年发生8—9代，危害盛期7—9月。以成虫在茶树、豆科植物及杂草上越冬。成虫多产卵于新梢第二、三叶间嫩茎内。

防治方法：一是加强茶园管理，清除园间杂草，及时分批多次采摘，可减少虫卵并恶化营养和繁殖条件，减轻危害。二是发生严重茶园，越冬虫口基数大，抓紧于11月下旬至次年3月中旬，喷洒丁醚脲1500倍液或24%虫螨腈（帕力特）1500倍液，以消灭越冬虫源。三是采摘季节根据虫情预报于若虫高峰前选用生物农药天霸1000倍或丁醚脲1500倍或24%虫螨腈（帕力特）1500倍或2.5%联苯菊酯乳油1000倍液。

2. 茶叶螨类

茶叶螨类在纳溪区茶园中发生危害较严重，是影响茶叶产量的主要有害生物，主要包括茶跗线螨、茶橙瘿螨、茶短须螨等。

（1）茶橙瘿螨

茶橙瘿螨发生较为普遍，主要以成、若螨吸食成叶及嫩叶汁液，致使被害叶片呈黄绿色，主脉变红褐色，失去光泽，叶背出现褐色细斑纹，芽叶萎缩。成螨体黄色或橙红色，似胡萝卜形，体前端有足两对，幼、若螨淡黄色至浅橙黄色。

该虫年发生20多代，虫口主要分布在上层成叶及嫩芽叶上。高温、干旱、雨量大、雨期长的环境，茶园虫数少，危害轻。全年有两次明显高峰，第一次在5—6月，第二次一般在高温干旱期后发生。

防治方法：一是秋茶结束后，于10—11月，结合茶园冬管清园，喷施波美0.5度石硫合剂，减少越冬虫口基数。二是实行分批多次采摘，可减少虫口数。三是在发生高峰前喷施99%绿颖（喷油淋）300倍液或，10%喹螨醚1000倍液或15%灭螨灵2000～3000倍液。

（2）茶跗线螨

又名侧多食跗线螨、茶半跗线螨，纳溪区发生较为普遍。成、若螨栖息于茶树嫩芽叶背面吸汁危害，被害叶背出现铁锈色，硬化增厚，叶尖扭曲畸形。芽叶萎缩。该螨年发生20—30代，以雌成螨在残留芽叶、鳞片、叶柄。缝穴及杂草上越冬。高温干旱的气候环境有利其发生。一般夏秋茶发生较严重。防治方法可参照茶橙瘿螨。

（3）茶叶瘿螨

主要危害成叶和老叶，被害叶片失去光泽呈古铜色，叶面沿叶脉密布白色尘埃状蜡质蜕皮壳，叶脆易裂，严重时大量落叶。该螨年发生10多代，以成螨在茶树叶背越冬。高温干旱季节有利发生，全年以7—10月发生最盛。防治方法可参照茶橙瘿螨，但分批多次采摘对其无效。

纳溪区茶园瘿螨比较少见。

（4）茶短须螨

以成若螨刺吸成叶或老叶汁液，致使叶片失去光泽，叶背常有紫色斑块，主脉及叶柄变褐，后期霉烂，引起大量落叶。该螨年发生10代左右，主要以雌成螨群集在土下1～6 cm茶树根颈部越冬，少数在叶背、腋芽及落叶中越冬。茶园中多数为雌螨，行孤雌生殖，主要栖息叶背危害。全年以7—9月份高温干旱季节危害严重。

纳溪区茶园茶短须螨比较常见。

防治方法：一是做好茶园抗旱工作，清除茶园落叶及杂草，加强管理，增强树势，提高抗逆力。二是秋茶结束后，害螨越冬前喷施波美0.3～0.4度石硫合剂进行防治。三是在喷施99%绿颖（喷油淋）300倍液或，10%喹螨醚1000倍液或15%灭螨灵2000～3000倍液。

（5）咖啡小爪螨

该螨以成若螨吸食危害成叶，被害叶局部变红，后呈暗红色斑，失去光泽。露水未干时叶面上可见一层细蛛丝，手捏螨数多处叶片即见指染血迹小红点，细看叶上有红色虫体爬动，螨体附近有许多白色蜕皮壳和卵壳。年发生10—20代，世代重叠。多栖息叶面危害。卵散产于叶正面且以主、侧脉两侧及凹陷处为多。旱期、秋冬季危害严重。防治方法可参照茶短须螨。

纳溪区茶园咖啡小爪螨比较少见。

3．茶蚜

茶蚜多聚于新梢叶背且常以芽下一、二叶最多，以口针刺进嫩叶组织内不时尽力吸食危害，致芽叶萎缩，伸长停止，甚至芽梢枯死，其排泄物“蜜露”不仅污染嫩梢且能诱发霉病。一年发生20代以上，全部以卵或无翅蚜在叶背越冬，早春虫口多在茶丛中下部嫩叶上，春暖后渐向中上部芽梢转移，炎夏虫口较少，且以下部为多，秋季又以上中部芽梢为多。

茶蚜在纳溪区较多出现。

防治方法：一是及时分批多次采摘。二是药剂通常选用80%敌敌畏2000倍液喷施，尤要喷湿叶背。

4. 黑刺粉虱

黑刺粉虱是当前纳溪区茶树最主要虫害之一。

以幼虫聚集叶背，固定吸食汁液，并排泄“蜜露”，诱发煤烟病发生。被害枝叶发黑，严重时大量落叶，致使树势衰弱，影响茶叶产质量。该虫年发生四代，以老熟幼虫在叶背越冬，次年3月化蛹，4月上、中旬羽化。各代幼虫发生期分别为4月下旬至6月下旬、6月下旬至7月上旬、7月中旬至8月上旬和10月上旬至12月。成虫产卵于叶背，初孵若虫爬后，即固定吸汁危害。

防治方法：一是加强茶园管理，结合修剪、台刈、中耕除草，改善茶园通风透光条件，抑制其发生。二是生物防治，应用韦伯虫座孢菌菌粉0.5～1.0 kg/亩喷施或用挂菌枝法即用韦伯虫座孢菌枝分别挂放茶丛四周，每平方米5～10剂。三是化学防治，根据虫情预报于卵孵化盛期喷或丁醚脲1500倍或24%虫螨腈（帕力特）1500倍或2.5%联苯菊酯乳油1000倍液，注意务必喷湿叶背。

5. 茶丽纹象甲

又名茶小黑象鼻虫。幼虫在土中食须根，主要以成虫咬食叶片，致使叶片边缘呈弧形缺刻。严重时全园残叶秃脉，对茶叶产量和品质影响很大。一年发生一代，以幼虫在茶丛树冠下土中越冬，次年3月下旬陆续化蛹，4月上旬开始陆续羽化、出土，5—6月为成虫为害盛期。成虫有假死性，遇惊动即缩足落地。

茶丽纹象甲极少在纳溪区出现。

防治方法：一是耕翻松土，可杀除幼虫和蛹。二理利用成虫假死性，地面铺塑料薄膜，然后用力震落集中消灭。三是于成虫出土前撒施白僵菌871菌粉，亩用菌粉1～2 kg拌细土施土上面。四是成虫出土高峰前喷施2.5%天王星800倍或98%巴丹800倍或与871菌粉0.5～1.0 kg/亩混用。

6. 茶卷叶蛾

俗称“包叶虫”、“卷心虫”，幼虫卷结嫩梢新叶或将数张叶片粘结成苞，多达4～10叶，幼虫潜伏其中取食危害。严重时大大降低茶叶品质和产量。该虫年发生6代，以老熟幼虫在虫苞中越冬。各代幼虫始见期常在3月下旬、5月下旬、7月下旬、8月上旬、9月上旬、11月上旬，世代重叠发生，幼虫共六龄。成虫有趋光性，卵呈块，多产在叶面。

茶卷叶蛾在纳溪区少见。

防治方法：一是随手摘除卵块、虫苞，并注意保护寄生蜂。二是灯光诱杀成虫。三是掌握1、2龄幼虫期喷药防治。可选用80%敌敌畏1000倍或2.5%天王星或1000倍液。

7．茶枝镰蛾

又名蛀梗虫。幼虫蛀食枝条常蛀枝干，初期枝上芽叶停止伸长，后蛀枝中空部位以上枝叶全部枯死。该虫年发生一代，以幼虫在蛀枝中越冬。次年3月下旬开始化蛹，4月下旬化蛹盛期，5月中下旬为成虫盛期。成虫产卵于嫩梢二、三叶节间。幼虫蛀入嫩梢数天后，上方芽叶枯萎，三龄后至入枝干内，终蛀近地处。蛀道较直，每隔一定距离向阴面咬穿近圆形排泄孔，孔内下方积絮状残屑，附近叶或地面散积暗黄色短柱形粪粒。

茶枝镰蛾在纳溪区少见。

防治方法：一是在成虫羽化盛期，灯光诱杀成虫。二是秋茶结束后，从最下一个排泄孔下方0.17 m处，剪除虫枝并杀死枝内幼虫。

8．苔藓和地衣

苔藓是高等绿色植物，生活在阴湿之地，地衣是菌和藻的共生体，据外形分为叶状、壳状、枝状地衣，它们都能自茶树根茎部向上蔓延，致使茶树树皮褐腐，长势逐渐衰弱，严重影响正常生长和发育。在春季阴雨连绵或梅雨季节，生长最快，在炎热的夏季和寒冷的冬季，停止生长。

苔藓和地衣在纳溪区少见。

防治方法：一是加强田间管理，及时中耕除草，农闲季节，可在雨后用竹片等工具刮除并随手将其清除出园。保持茶园清洁，合理施肥，培养旺盛树势。二是用1%石灰等量式波尔多液喷射，效果可达90%，冬季用草木灰浸出液加以煮沸浓缩涂上，也有很好效果。

二、主要病害及防治措施

以下是一些主要的茶树病害类型，但纳溪区极少出现茶树病害，一般情况下不会影响产量。

1．茶白星病

症状：主要危害嫩叶和新梢。初生针头大的褐色小点，后渐扩大成圆形小病斑，直径小于2 cm，中央凹陷，呈灰白色，周围有褐色隆起线。后期病斑散生黑色小粒点，一张嫩叶上多达百多个病斑。

发病规律：该病属低温高湿型病害。以菌丝体在病枝叶上越冬，次年春季，当气温升至10℃以上时，在高湿条件下，病斑上形成分生孢子，借风雨传播，侵害幼嫩芽梢。低温多雨春茶季节，最适于孢子形成，引起病害流行。高山及幼龄茶园容易发病。土壤瘠薄，偏施N肥，管理不当都易发病。

防治方法：一是加强管理，增施磷钾肥，增强树势，提高抗病力。二是在春茶萌芽期喷药保护，可用70%甲基托布津或50%多菌灵1000倍，隔7天左右再喷一次。

2．茶饼病

又名茶叶肿病，常发生在高海拔茶区，危害嫩叶、嫩梢、叶柄，病叶制成茶味苦易碎。

症状：初期叶上出现淡黄色水渍状小斑，后渐扩大成淡黄褐色斑，边缘明显，正面凹陷，背面突起成饼状，上生灰白色粉状物，后转为暗褐色溃疡状斑。

发病规律：以菌丝体在病叶中越冬或越夏。温度15～20℃，相对湿度85%以上环境容易发病。一般3—5月和9—10月危害严重。坡地茶园阴面较阳面易发病，管理粗放、杂草丛生、施肥不当、遮荫茶园也易发病。

防治方法：一是茶饼病可通过茶苗调运时传播，应加强检疫。二是勤除杂草，茶园间适当修剪，促进通风透光，可减轻发病。三是增施磷钾肥，提高抗病力，冬季或早春结合茶园管理摘除病叶，可有效减少病菌基数。四是采摘茶园于发病初期喷用70%甲基托布津或20%粉锈宁1000倍，10—15 d再喷一次。

3．茶炭疽病

症状：主要危害成叶或老叶，病斑多从叶缘或叶尖产生，初为水渍状；暗绿色圆形，后渐扩大或呈不规则形大病斑，色泽黄褐色或淡褐色，最后变灰白色，上面散生黑色小粒点。病斑上无轮纹，边缘有黄褐色隆起线，与健部分界明显。

发病规律：以菌丝体在病叶中越冬，次年当气温升至20℃，相对湿度80%以上时形成孢子，借雨水传播。湿度25～27℃，高湿条件下最有利于发病。全年以梅雨季节和秋雨季节发生最盛。扦插茶园、台刈茶园，叶片幼嫩，水分含量高，有利于发病。偏施N肥茶园发病也重。

防治方法：一是加强茶园管理，增施P、K肥，提高茶树抗病力。二是发病初期喷施70%甲基托布津1000～1500倍或百菌清500～800倍。

4．茶云纹叶枯病

主要危害老叶，嫩叶、果实、枝条上也可发生。病斑多发生在叶尖、叶缘，呈半圆形或不规则形，初为黄褐色，水渍状，后转褐色，其上有波状轮纹，形似云纹状。最后病斑由中央向外变灰白色，上生灰黑色小粒点，沿轮纹排列。该病在高温（20℃以上）高湿　（相对湿度80%以上）条件下发病最盛。树势衰弱、管理不善，遭受冻害、虫害的茶园发病也重。

防治方法：可参照茶炭疽病。

5．茶轮斑病

以成叶和老叶上发生较多，先从叶尖、叶缘产生黄绿色小点，以后逐渐扩大呈圆形、半圆形或不规则形病斑。病斑褐色，有明显的同心圆状轮纹，后期中央变灰白色，上生浓黑色较粗的小粒点，沿轮纹排成环状，病斑边缘常有褐色隆起线，该病菌从伤口侵入茶树组织产生新病斑，高温高湿的夏秋季发病较多。修剪或机采茶园，虫害多发茶园发病较重。树势衰弱、排水不良茶园发病也重。

防治方法：可参照茶炭疽病。

第四节　纳溪区茶树种植区划

以对茶树生长发育和开花结果有决定意义的热量条件和降雨状况为依据，同时兼顾土壤状况、地形地貌及茶树生育对其他环境条件的要求，利用GIS技术，得出纳溪区茶树种植气候区划图（图6.1）。

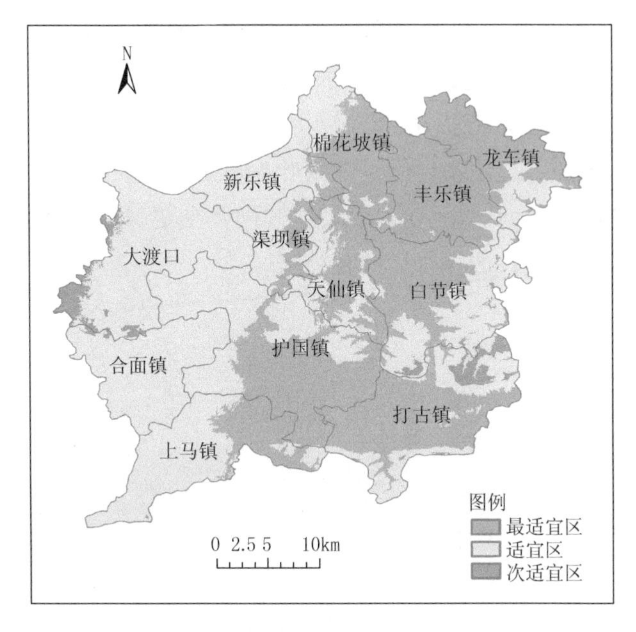

图 6.1　纳溪区茶树种植气候区划图

一、最适宜区

主要分布在龙车镇、丰乐镇、棉花坡镇、白节镇、打古镇、护国镇大部地区以及天仙镇和渠坝镇的部分区域。上述区域≥10℃积温作在5500℃·d以上，年降水量在1120～1142 mm，春季降雨在200 mm以上，日照时数多在1100—1350 h。

上述区域内水资源丰富，热量条件最优，春季干旱较少，可发展对热量条件要求高的大叶种。随着海拔的上升，山区相对湿度更大，种植中小叶型品种适应性强，生产的叶氨基酸含量较高，品质优异。

二、适宜区

主要分布在上马镇、合面镇、大渡镇、新乐镇、纳溪区的大部地区以及白节镇、天仙镇渠坝镇、打古镇的部分区域。

上述区域≥10℃积温在5400～5700℃·d，年降水量在1070～1100 mm，春季降雨170～200 mm，日照时数多在1250—1550 h。该区域海拔相对较高，热量条件略欠，日照时数增多会影响茶叶品质，春季干旱偶有发生，应配套好茶园的灌溉设施。

三、次适宜区

主要分布在白节镇、大渡镇和打古镇的局部地区。上述区域年降水量在1000 mm左右，春季降雨不足170 mm，日照在1550 h以上，≥10℃积温在5300℃·d左右。该区域范围较小，海拔在900 m以上，热量条件欠佳，春旱发生概率有所上升，由于多光强照、遮荫条件差，对茶叶品质影响较大。

需要说明的是，由于本区划主要依据气候数据资料，实际种植中还需结合当地土壤、地形等因素，选择合适的种植区域。

第七章

纳溪区农业气象服务标准和规范

本章重点介绍纳溪区农业气象服务的主要任务、主要形式和组织工作，分析四季农业气象服务工作重点；结合影响农业生产的各月气候背景分析，提出各月主要农事活动建议。

第一节　逐月气候背景和主要农事活动

一、1月气候概况与主要农事

1．1月气候概况

1月份，受青藏高原波动气流的影响，盛行西北风，全区常有2～3次冷空气或寒潮入侵，“小寒”、“大寒”及最冷的“三九天”均在本月，因此1月份是一年中气候最寒冷的时段。

1月份的平均气温为7.4℃，是全年最冷的一个月。所谓三九严寒，大都出现在本月中旬。纳溪区累年月极端最低气温出现在1989年，为1.6℃。本月因冷空气的入侵，常出现冰冻雨雪天气，并发生冻害等气象灾害，常对农业生产造成不利影响。

2．1月主要农事

（1）越冬作物管理

本月是一年中最寒冷的季节，各项农事活动，主要围绕防寒防冻这个中心，确保越冬作物和牲畜安全过冬。

小麦、油菜、蚕豆、豌豆以及蔬菜等的管理要继续做好防霜防冻和清沟排水工作，未施腊肥的作物要抓紧补施，时间越早越好，且以施猪牛栏粪、灰肥及钙镁磷肥为好。不仅有利防霜防冻，还有培育壮苗作用。苗情过旺，对越冬不利，因此冬肥不应施用过多过迟。

（2）春播准备

良种要年年换，并及时进行筛选或风选，利用晴天暴晒一、二日，然后妥善保管，防止鼠害和受潮。水稻秧田要冬翻晒垡，杀灭病菌虫卵，增施人粪尿，为培育壮秧打好基础。

（3）田间管理

清理田间残茎败叶，整理田埂，捣毁害虫越冬场所，蔬菜收获后立即深翻。不足的可继续选种，并加强管理防止烂种。要撒稻草防寒，最好用地膜覆盖，提高来年春季发芽率。

（4）保护牲畜

天气寒冷，牲畜内耗多，饲养管理不当会消瘦落膘，甚至死亡，所以要精心饲养。要做到栏干食饱，勤换垫草，增喂精料，饮用水和拌饲料都要用温水，栏舍要保暖避风，严寒天气对老畜、幼畜、孕畜、病畜可披蓑衣御寒。

（5）茶园管理

清理茶厂，检修机具，落实茶叶包装和采制工人；清理园区蓄、排水沟、蓄水池（塘）、整修园区道路；施催芽肥，催芽肥在开采前30—40 d施用，以速效氮肥为主，一般茶园施尿素20～30 kg/亩，开5～10 cm深沟施入、覆土，切勿抛施；新辟茶园要抓紧播种或移栽茶苗。

（6）鱼种放养

立春前后是鱼种放养的好时机。要捕捞成鱼、选留亲鱼、清塘消毒、放养鱼种，做好亲鱼和鱼种的饲养管理，拦鱼设备及渔机具的维修保养。

（7）植树造林

本月树木正处休眠后期，树液尚未流动，生理活动将要增强，栽植树木容易成活，应全力进行植树造林，并做好林木的育苗播种繁殖工作。

（8）其他工作

利用农闲时机，兴修水利，加固圩堤、池塘、库坝，改良土壤，积造土杂肥料，进行农田基本建设，检修农机具。

二、2月气候概况与主要农事

1. 2月气候概况

2月，纳溪区天气仍主要受北方冷空气影响。因此，尽管从节气上讲进入了春天，但由于冷空气活动频繁，日均温上升缓慢。

全区2月平均气温9.5℃。按候均温小于10℃为冬季，大于10℃为春季的标准，纳溪区还是冬季范围，气候仍然较为寒冷。

2月主要气象灾害为低温冻害和湿害，部分年份延续冬干春旱。冷空气入侵后引起的气温骤降，会使越冬作物和牲畜等遭受冻害，务必严加防范。

2．2月主要农事

（1）粮油作物

马铃薯应抓紧在2月上、中旬继续整地播种，选晴暖天气给水稻秧田下基肥，为甘薯准备苗床。由于霜雪、冰冻等原因，许多土壤松散在沟内，因此越冬作物的所有畦沟、腰沟、围沟都要进行一次清理并适当加深。上旬油菜进入抽薹期，月初要追施一次苔肥。月底以前要抓住晴暖天气，对水稻、大豆、花生、芝麻、玉米等春播用的种子进行一次翻晒和精选。

（2）经济作物

继续做好蔬菜等的生产布局调整，及早做好播栽面积的落实，搞好排灌系统的整修配套，冬闲田的翻耕。下足基肥，所需薄膜、地膜、农药器械、肥料和营养钵制作器等物资要及早准备，选种晒种工作也要妥善安排好，务必件件落到实处。

（3）茶园管理

新茶园定植：“大叶种”行距1.5 m，株间距40 cm。“中、小叶种”单条栽行距1.3～1.5 m，从距33 cm；双条栽大行距1.5 m，小行距30 cm，丛距33 cm；去年新建茶园补齐缺苗。

定型修剪：新种茶苗定植后第一次定型修剪，修剪高度15～20 cm。

施催芽肥：施催芽肥。

采摘加工：2月中下旬茶区开始采摘芽茶。开采期为采摘面上10%左右的新梢达到采摘标准。

病虫害防治：注意控制茶黑毒蛾第1代虫源。

（4）植树造林

要做好新造林木的管理工作，确保其早成活、早萌发。“雨水”以后，天气日趋暖和，降雨将要增多，要抓紧做好树木的育苗和栽植工作。

（5）畜牧水产

继续搞好大牲畜，尤其是妊孕母牛、母猪和仔牛、仔猪的护理和低温冻害防御；“立春”前后鱼种下塘时要对鱼体进行消毒，下雨期间要关水养鱼，培好水质、搭饵料台、供应青嫩鲜草、适时投喂精料、检修栏鱼设施，防止逃鱼。

三、3月气候概况与主要农事

1．3月气候概况

3月惊蛰过后，纳溪区开始进入春季，一般在3月上旬末中旬初中普遍进入春季。

虽然进入春季，但3月的天气多变、冷暖无常。常因冷空气频繁入侵，引起春播作物烂种烂秧。出现的雷电、大风等强对流天气，会使春熟春收作物倒伏，落粒霉烂变质，蔬菜大棚等保护栽培设施掀翻，务必充分注意，尤其要做好低温阴雨和排渍的防御。

2．3月份主要农事

（1）粮油作物

3月上中旬，纳溪区水稻开始浸种催芽。秧田要选避风向阳、灌排方便、无畜禽为害、病虫少、土质肥带砂性的田块。浸种前要晒1—2 d，使种皮干燥，吸水快而均匀，发芽迅速整齐。在稻瘟、白叶枯病区要进行种子消毒，洗净药液之后，要继续浸3 d再起水催芽。抓冷尾暖头抢晴天播种，用塑料薄膜育秧的，浸种时间可提早2—3 d。

小麦、油菜、豌豆、马铃薯，要继续搞好清沟排渍工作，促进根深叶茂。春季多雨，易滋生病虫，要加强检查，及时防治。甘薯温床育苗要及时洒水下肥，薄膜覆盖的苗床晴天中午为了防止高温伤苗，要及时做好通风工作；如出现花叶病，要及时拔除销毁；为加速薯秧繁殖，3月下旬可在露地栽植母薯，提高薯秧产量。春分前后是早大豆的播种时期，播前要用钙镁磷拌火土灰作种肥。本月油菜进入花荚期，要及时排水，防止根系受渍生育不良；要搞好病虫特别是菌核病、霜霉病的防治。下旬要做好花生的选种、整地播种工作。

（2）经济作物

宜在上中旬抢晴下种，开垅松蔸和下肥。

（3）茶园管理

预防“倒春寒”：寒潮前抢采、覆盖、灌溉、熏烟、喷水洗霜，减少损失。冻害茶树复壮在早春气温稳定回升后进行，茶蓬面上3～5 cm枝叶冻害，采用轻修剪；骨干枝受冻，采用深或重修剪；施足有机肥和磷钾肥。

施催芽肥：高纬度、高海拔茶区施催芽肥。

采摘：开采期为采摘面上10%左右的新梢达到采摘标准。

茶园修剪：三月底春茶采摘结束后对需要复壮的茶园可进行重修剪，修剪高度40cm，用篱剪将蓬面剪平。

病虫害防治：重点关注茶毛虫越冬卵块、咖啡小爪螨。

（4）畜牧水产

牲畜要补喂精料及适量食盐，吃饱吃好，发膘、蓄力，准备春耕。公猪本月配种较多，要增喂动物性蛋白质饲料，保持皮肤清洁，避免皮肤病和寄生虫病。要抓好春雏孵化和饲养管理。雏鸡出壳前后应特别注意保温，保持新鲜空气。搞好畜禽的防病治病。

鱼类开始张口吞食，要加大种鱼的投饵量，强化亲鱼的饲养管理。雌雄要分塘放养，做好鱼苗孵化准备，检修孵化室、产卵地和电排设备，添置或更新孵苗、采苗设备和催产剂。

四、4月气候概况与主要农事

1．4月气候概况

4月气温稳定回升，至4月上旬平均气温已稳定通过15℃，天气逐渐暖和。

4月易出现强对流天气，雷雨、大风、冰雹等气象灾害会使水稻秧苗和油菜等越冬作物遭到重大损失。进入4月，全区进入雨季，雨日较多，月平均降雨日数有15 d，往往因连阴雨过程而形成渍害，而伴随着清明寒冷或倒春寒，对水稻育秧、小麦、油菜春收等十分不利。

2．4月主要农事

（1）粮食作物

水稻开始插秧、补苗、耘禾、追肥，促其早返青早分蘖。甘薯要育好薯苗。芋头要催芽整地播种。马铃薯开沟排水，防治病虫。大豆、玉米、高粱整地播种，蚕豆、豌豆清沟排水，防治病虫害。

（2）经济作物

高粱、玉米进行行间套种，出苗后做好查苗、间苗、补缺、下肥促苗、清沟排水、防治棉蚜、棉蓟马、地老虎、立枯病、炭疽病。经济作物要补苗、中耕、追肥、行间套种早大豆。油菜适时收获，选好留足种子。花生整地播种、补蔸、松土、下肥。芝麻整地下基肥播种。

（3）茶园管理

病虫害防治：重点关注黄板防治黑刺粉虱成虫、茶尺蠖第1代幼虫、茶毛虫第1代幼虫盛发；高海拔茶区关注茶白星病等。

修剪：春茶结束后可根据需要对茶园进行轻修剪（剪去树冠表层5～10 cm）、深修剪（剪去树冠表层15 cm）或重修剪（离地40～50 cm）。

母本园管理：春茶结束进行重修剪。重修剪后开沟施尿素20 kg/亩、高浓度（45%）三元复合肥20～30 kg/亩。

（4）绿肥

红花草盛花期翻耕，加施石灰或石膏促使腐烂，并加强留种田管理。肥田萝卜出现80%幼荚时翻耕，选好留种田并加强管理。

五、5月气候概况与主要农事

1. 5月气候概况

五月平均气温为21.9℃，月降水量为143.2 mm，月降雨日数为16 d，月日照时数为136.1 h。从气候角度，从5月中旬已开始进入夏季且气温变化剧烈。有的年份出现异常高温现象，使柑橘落花落果加重，有的年份又出现异常低温阴雨寡照天气，对水稻孕穗和幼穗分化不利。

五月份气象灾害是暴雨洪涝、雷电大风。

2. 5月主要农事

（1）粮油作物

水稻进入耘禾、下肥、晒田和病虫防治等管理阶段。小麦、油菜、蚕豆、豌豆先后成熟，要做好留种收获工作。大豆、花生、玉米要中耕除草、追肥，甘薯扦插。

（2）经济作物

要继续查苗补蔸、下肥，搞好以二点螟为主的虫害防治。

（3）畜牧水产

立夏后要抓好牲畜配种，仔牛、仔猪饲养管理、春鸭放养和鸡的防疫注射。畜禽栏舍要保持清洁干燥，大力做好消毒驱蝇等环境卫生工作。鱼种要及时拉网分塘、孵化的鱼苗要投放鱼池中和水稻田套养。

（4）茶园管理

采摘：采制大宗绿茶、乌龙茶等，注意安全间隔期。

修剪：对需要修剪的茶园及时进行修剪。

施追肥：生产夏茶茶园施速效氮肥，尿素10～15 kg/亩。

病虫害防治：南方茶区重点关注茶毛虫、茶黑毒蛾、茶尺蠖、茶棍蓟马、长白蚧等虫害。

六、6月气候概况与主要农事

1．6月气候概况

6月是一年中降雨较为旺盛的月份，月平均降水量为173.7 mm。一般会出现2～3次暴雨天气过程，有不少年份出现大暴雨天气，易引起山体滑坡、江河水位猛涨。

2．6月主要农事

（1）粮油作物

水稻月内齐穗，稻田保持湿润就行；要搞好纹枯病、稻瘟病的防御。玉米要下肥壮籽，减少秃顶和玉米螟、大小斑病、纹枯病的防治。甘薯扦插栽植早的要中耕培土，所有作物农田都要搞好清沟排涝和病虫防治。

（2）经济作物

要剥除脚叶、弱株上行、压埋绿肥、防治蔗螟、棉蚜虫。

（3）畜牧水产

牲畜要早晚放牧，猪舍要天天清扫，开窗透气。毛兔要降温防暑防潮剪毛。鱼要做好饲养管理和防病治病工作。

（4）茶园管理

采制夏茶；重点关注小绿叶蝉发生高峰；关注茶橙瘿螨、茶跗线螨发生高峰、茶丽纹象甲羽化出土；刈割绿肥、茶园铺作物秸秆或野草等，提高土壤肥力，减少水土流失。

七、7月气候概况与主要农事

1．7月气候概况

7月，受西太平洋副热带高压控制，盛行偏南风，以高温晴热天气为主，暑气逼人。7月平均气温为26.6℃，月降水量为188.3mm，是全年降雨和降雨强度最多的月份。

由于天气晴热、降雨分布不均，从7月中旬开始经常出现中等强度伏旱初期。7月由于气温高、湿度小、南风大，经常出现高温逼熟天气，使水稻粒重下降，空秕粒增多。同时，强降雨又易引发洪涝、山体滑坡等灾害。

2．7月主要农事

（1）粮油作物

做好次年水稻、大豆的选种、留种，收前要在田间认真做好除稗、除杂、除劣，然后再收，防止发芽和霉变。晚花生、晚大豆、秋玉米、晚甘薯应尽量早播早栽早插。

（2）经济作物

要防棉蚜、灌水抗旱，继续拔除无效分蘖。

（3）畜牧水产

牲畜早晨、傍晚放牧，加喂精料、早晚使役，多饮水常洗澡。生猪栏舍要前敞后开，多泼水，让猪多洗澡、多饮水，防止牲畜中暑。

7月是捕大鱼、留小鱼的季节，要避免大鱼捕后空塘，并加强暑季的饲养管理，防止池鱼浮头泛塘。

（4）茶园管理

施追肥：采摘茶园第三次追肥，施尿素10～15 kg，开沟深10 cm。

幼龄茶园管理：采取覆盖遮阳、浇水等抗旱保苗，除去茶苗附近杂草；短穗扦插育苗苗床准备。

病虫害防治：主要病虫害（螨类、茶毛虫、假眼小绿叶蝉、茶尺蠖、蓑蛾、长白蚧若虫、角蜡蚧、龟蜡蚧、红蜡蚧若虫、茶长绵蚧若虫）高发时期，采取综合防治技术进行防治。

采制夏茶：注意农药安全间隔期。

八、8月气候概况与主要农事

1．8月气候概况

8月仍主要受太平洋副热带高压控制，天气继续维持晴热，极端最高气温有时出现在8月份，月平均气温达26.6℃。月平均降水量152.9 mm，多为局地性雷阵雨产生的降雨。月平均日照时数182.8 h，平均气温和日照时数均是年内各月中的最高值。

8月气象灾害主要是洪涝灾害、山体滑坡，以及7月开始的中等强度伏旱延续，对农业生产、渔业生产和水上运输不利。

2．8月主要农事

（1）粮食作物

水稻、玉米、高粱、甘薯抗旱、收获、留种，芋头培土防旱。秋马铃薯催芽播种，再生稻促芽。

（2）经济作物

晚花生抗旱、防病灭虫。早芝麻留种收获。晚芝麻间苗、培土、防旱、防治病虫。甘蔗中耕除草、剥除老叶、拔掉无效株、高培土防旱、歼灭害虫。

（3）茶园管理

重点关注角蜡蚧若虫孵化盛期；高海拔茶区重点关注叶蝉发生高峰；采制秋茶，注意农药安全间隔期；覆盖遮阳、浇水等抗旱保苗，除去茶苗附近杂草；短穗扦插育苗苗床准备。

（4）畜牧水产

牲畜要降温防暑，注意劳逸结合。鱼池要注意加水换水，高温高湿，天气闷热要增氧。

九、9月气候概况与主要农事

1．9月气候概况

本月开始，天气逐渐转凉，月平均气温为22.8℃；有时也会出现高温天气，即所谓“秋老虎”；受台风外围或冷空气的影响，有时会出现强降雨，引起“秋汛”。9月平均日照时数106 h，充足的光照对晚秋作物生育非常有利。

9月主要气象灾害为秋旱和寒露风。纳溪区出现秋旱的概率较高，而寒露风是常见的一种低温灾害，是造成水稻歉收减产的重要原因之一。

2．9月主要农事

（1）粮油作物

水稻收割，再生稻蓄留，田间仍需有薄水层，还要喷叶面肥，以利养根、保叶、壮籽。穗期的稻飞虱、二化螟、黏虫、稻曲病、纹枯病、白叶枯病、稻瘟病等要及时防治。迟栽的甘薯还在膨大，要抗旱，蔓叶枯萎的要收获。晚甘薯要中耕培土，甘薯的卷叶蛾，连纹夜蛾、天蛾等要注意防治。芋头适时留种收获。秋马铃薯中耕、培土、追肥、灌水、防治病虫害。晚花生选种收获。油菜、小麦要精细整地，下足基肥，秋分前后播种育苗。

（2）经济作物

长得差的施壮尾肥，并做好防虫防旱工作。

（3）茶园管理

采制秋茶，注意农药安全间隔期。

施基肥：高海拔茶园施基肥，饼肥每亩150～250 kg或有机复合肥200～

300 kg/亩，加高浓度（45%）三元复合肥30～40 kg/亩，开深沟15～20 cm施用，施后覆土。

幼龄茶园套种绿肥：开始播种冬季绿肥，种类有紫云英、笤子、苜蓿、蚕豆等。

病虫害防治：重点关注小绿叶蝉发生高峰。

茶树短穗扦插育苗。

十、10月气候概况与主要农事

1. 10月气候概况

10月是纳溪区的黄金季节，秋高气爽、风和日丽；月平均气温17.8℃，温暖宜人。月平均日照时数54.2 h，月内结束闻雷。

10月的晴好天气，大的气温日较差，对秋收作物成熟非常有利，也有利于部分粮经作物的生长和糖分的转化、积累。但有的年份在10月会出现连阴雨过程，即所谓烂秋。同时，10月冷空气势力明显增强，冷空气活动增多，对农业生产不利。

10月主要气象灾害除烂秋、冷害外，干旱少雨对油菜、小麦等越冬作物的出苗、齐苗、壮苗不利，要适时灌水。

2. 10月主要农事

（1）粮油作物

水稻（再生稻）基本收割完毕，收前要对稻飞虱、黏虫、螟虫、田老鼠等加强防治，稻田断水以收割前一周为好，还要留足种子。甘薯霜降前后收挖，霜前留好种。秋马铃薯精选薯种，贮藏过冬。秋玉米继续加强田间管理。大小麦整地施肥育种播种。蚕豆、豌豆开始播种。晚芝麻、晚花生开始收获。油菜加强苗床管理，注意防治蚜虫、菜青虫，进行间苗，直播者播种，并在月底前播完。

（2）经济作物

出苗后抓紧灌水、施肥。

（3）茶园管理

新茶园定植、补植：上年新建茶园补齐缺苗。定植茶苗应浇透水，注意防旱保苗。

茶园冬管：一是修剪，平面管理树冠进行轻修剪平整蓬面，修剪深度3～5 cm；蓄梢采摘茶园进行打顶。二是施基肥，饼肥150～250 kg/亩或有机复合肥

200～300 kg/亩，加高浓度（45%）三元复合肥30～40 kg/亩，开深沟15～20 cm施用，施后覆土。三是打封园药，喷施0.5度波美石硫合剂或45%石硫合剂晶体200～300倍（250～375 g/亩）。

（4）冬季绿肥

清沟，施钙镁磷，撒草防寒，连晴灌跑马水。果园、茶园要大力种植绿肥，改良土壤，培肥地力。

（5）畜牧

十月气候适宜，饲料要充足。牲畜膘情好，发情明显，是配种的良好时机，要及时掌握情况、适时配种。对孕畜要加强护理，多喂青绿多汁饲料，搞好秋季防疫。

十一、11月气候概况与主要农事

1．11月气候概况

11月是纳溪区冷空气活动较为频繁的一个月。但多为干冷空气，感觉阴冷但气温仍在10℃以上，雾、霾天气增多。

由于降雨较少，有的年份出现秋旱连冬旱，对越冬作物生长发育很不利。另外这个月的气候较为干燥，是火灾多发期，要加强森林防火工作。

2．11月主要农事

（1）粮食作物

马铃薯和甘薯收挖、选种、窖藏。小麦出苗，蚕豆和豌豆可继续播种。

（2）经济作物

收割，培土，放种。

（3）茶园管理

继续茶园冬管：修剪、除草施肥、打封园药方法同前。最迟不宜超过11月上旬。

新茶园定植、补缺：本月继续进行，最迟不宜超过月底。

清理茶厂，检修保养茶机。

十二、12月气候概况与主要农事

1．12月气候概况

12月平均气温8.8℃，从本月开始进入冬季。12月的冷空气不但次数增多，而且强度增大。强冷空气侵入时，经常出现冻害，对越冬作物非常不利，危害很大。

2．12月主要农事

（1）粮食作物

选好留足水稻种子、秋田泼施人畜粪尿培肥土壤。农闲田冬翻。蚕豆、豌豆等越冬作物要查苗补蔸，培育壮苗并及时中耕除草、培土护蔸、清沟排水、施肥防病、防霜防冻。

（2）油料作物

油茶要抓好壮苗越冬，及时中耕培土，增施灰肥防寒防冻，清沟排水防病。油茶的垦复，以清除杂树杂草，培养树势为主。

（3）经济作物

宿根作物施足基肥，深耕培土防冻护蔸，进行分根繁殖。

（4）茶园管理

清理园区蓄、排水沟、蓄水池（塘），整修园区道路；修理、安装茶叶加工机械；根据行间空隙大小进行冬翻、培土、壅蔸、树干刷白防冻、用石灰浆封死虫穴。

（5）畜牧水产

做好防寒保暖工作，加强饲养管理，多垫勤换栏草，增喂精料，养好冬膘。充分利用地热，保护种鱼安全越冬。

（6）植树造林

树木冬眠，生理活动弱、水分蒸腾少，要大力开展植树造林。冬季植树，具有成活率高、抗旱能力强、早萌快发等优点，要抓好冬季多栽树木和树木播种育苗工作，加强树苗管理。

第二节　四季农业气象服务重点

不违农时，是农业生产必须遵守的准则。孟子说：“不违农时，谷不可胜食也”。可见，不违农时是争取农业丰收的关键所在。

农时季节是自然客观规律，不依人的意志而转移。必须充分认识并利用它来发展生产。违背农时，就是违背客观规律，就会导致农业歉收甚至绝收。农时大体包含两个方面，一是当地的气候条件，二是农林果畜鱼的生育特性。我国一年分春夏秋冬四个季节，这就是四大农时。因此只有掌握农时季节，摸清当地气候规律，特别是天气灾害发生规律，并以农林果畜鱼的生育特性为依据，才能有效地搞好季节性的农业气象服务（陈海燕 等，2017）。

一、春季农业气象服务

春季是一年中重要的农时季节，春季的农业生产就田间的农事活动而言，从3月中旬拉开序幕，就要紧张地进行着春耕、春播、春插、春收四大项工作，即肥田萝卜、肥田油菜等绿肥作物的翻沤，水稻本田的翻耕；水稻、春玉米、花生、大豆、芝麻、甘薯的播种；水稻、春玉米、甘薯的移栽、播插以及蚕豆、豌豆、油菜的收获等，不但任务十分艰巨，时间非常紧迫，而且对气象条件有着较高的要求。春季天气多变，时晴时雨，时暖时寒，是常有的事，还是天气灾害出现频繁的季节，它的特点是：种类全、次数多、变化快、危害大（表7.1）。春季农业生产如何，直接影响着下一季作物的安排，关系着全年农业的收成，因此务必抓住各个生产环节，不失时机地主动做好以春耕、春播、春插、春收为中心内容的春季农业气象服务。

表7.1　春季农业气象灾害及影响

主要生产活动关键期	主要作物及生长期	灾害类型	主要影响
1．小春作物生产关键期 2．大春作物备耕和秧苗期	1．小春作物穗花期和成熟期 2．大春作物播种育苗及栽播期 3．经济林果芽、梢、花蕾发育、幼果形成期	低温冻害	越冬农作物
		强降温及“倒春寒”	农作物冻害
		春旱	人畜和农业生产用水矛盾
		低温阴雨	阴雨5 d以上，日平均气温低于10℃且持续3 d以上，对大春秧苗的影响和小春花期、结实率和收割的影响
		强对流及强降雨	对农业生产造成的不同影响

1．坚守岗位，全力以赴做好寒潮、低温、霜冻和大风、冰雹等灾害性天气和强对流天气的预报、警报工作，以便及时做好防患准备，把灾害造成的损失减少到最低限度。

2．做好农用晴雨预报和转折天气预报，确保春耕、春收工作的适时和高质量。

3．在中长期天气预报的基础上，根据各种农作物的不同特点，及早做出水稻、玉米等的适宜播种期预报和油菜等越冬作物的适宜收获期预报，使春播春收工作恰到好处。

4．根据长中短期预报相结合的原则，大力做好中短期低温阴雨、晴雨转折及连晴连雨的天气预报，以便做好水稻育秧工作，防止烂种烂秧和死苗。

5．做好日平均气温大于等于15℃初日的预报，使春播作物的扦插和移栽工作安全适时。

6．初春还是森林火灾容易发生的季节，同时又是扑灭越冬的森林害虫如松毛虫等的大好时机，为此要及时收集林地湿润度、干燥度资料，参考天气预报，开展森林火险预报与虫情预测工作，做好护林防火的农业气象服务。

7．此外，经济果树嫁接、畜禽鱼孵化、配种、育雏、放养、春季疾病防御等方面也有大量服务工作要做，均需统筹兼顾妥善安排。

二、夏季农业气象服务

继春耕、春播、春插、春收之后，夏季是一年中又一个收种都十分繁忙的季节。全区的夏收工作包括小麦、油菜、大豆、芝麻，与夏收同时进行的夏种作物有晚大豆、晚花生、玉米和甘薯。如天气干旱，水稻栽插困难的田块还要改种秋粮作物（如玉米、高粱、红薯等）。

纳溪区夏季的气候特点是：前期湿度大，雨量多而集中；后期晴热少雨，高温干旱。这个季节的暴雨、雷雨大风、冰雹、连续高温少雨、旱、涝等天气灾害对夏收夏种和田管工作带来很大的影响，一次恶劣天气的出现就将使丰收在望的农产品毁于一旦，使夏种遭到巨大损失（表7.2）。夏季还是病虫害多发季节，因此务必围绕夏收夏种工作全力做好农业气象服务。

1．前期主要应抓好暴雨、大暴雨、特大暴雨、连续性暴雨、降雨集中期、大风和洪涝灾害发生的可能性预报，以及水稻的高温逼熟预报。因为以上天气夏季时有发生且对夏季农业生产危害很大，收种期间要做好农用晴雨预报和转折天气预报，以便加快收种进度和质量；后期要搞好雨季最后一次大到暴雨预报，确保水库等所有水利设施全部蓄满水；要搞好高温连旱期和台风天气预报，以便更好地实行计划用水、节约用水、科学管水，从而有效地缓解干旱直至干旱的解除，实现防汛抗旱和夏收夏种四不误。

2．加强对主要粮油作物的主要病虫害发生的农业气象条件预报，大力减少和防止病虫的蔓延和危害。

3．对家畜来说，由于夏季雨日雨量多，空气和地面都比较潮湿，牛、猪、羊等大牲畜易患腐蹄病、肠胃寄生虫病，生猪易因高温高湿而疫病流行，因此要积极搞好畜病发生期预报和情报的服务工作。

4．池塘养鱼等，因高温高湿低压而泛塘的事时有发生，损失不小，要及时深入养殖场所，特别是规模养殖地，有针对性地开展相关服务，为水产养殖的多种经营保驾护航。

表7.2　夏季农业气象灾害及影响

主要生产活动关键期	主要作物及生长期	灾害类型	主要影响
1．夏收、夏种关键期 2．抗旱关键期 3．防暑降温	1．小春作物成熟期及收获期 2．大春作物栽插、生长管理，病虫防治	洪涝	农作物受淹、倒伏，影响产量；农田设施冲毁
		连阴雨	影响小麦春收、晾晒、导致霉烂；大春秧苗易坐蔸；病虫害滋生蔓延；湿害
		强对流天气	对农业生产造成危害
		夏季低温	影响大春作物生长、出现障碍性冷害
		夏旱、伏旱	大春作物生长受阻，作物受害，影响收成
		连续高温	加剧旱情的发展，影响再生稻蓄留

三、秋季农业气象服务

紧张的夏收夏种结束之后，繁忙的秋收秋种又接踵而来。全区秋收作物面积大、种类多、任务重。粮食作物有水稻和再生稻的收割、甘薯的收获，经济作物有花生、玉米、高粱的采收等。秋种主要是小麦、油菜、秋马铃薯、蔬菜、蚕豆、豌豆。

纳溪区的秋季以秋绵雨天气为主，并开始转冷，与冷空气南下入侵同期，往往阴雨持续，降温加剧，形成秋季低温，使水稻出现包颈、抽穗不整齐、空秕率大增、粒重减轻、成熟期推迟。如低温伴阴雨，造成的损失就更大，如水稻遇低温伴高湿环境会爆发穗颈稻瘟、稻曲病，产生大量芽谷；会使秋播作物出苗推迟，早生快发受到制约。可见，秋收秋种期间的气象保障也是十分重要的（表7.3）。

秋季农业气象服务包括：农作物成熟期和适宜收获期预报、降雨预报、烂秋天气预报、森林火险预报等。为便于安排农作物的收获，脱粒和晒藏工作，日常的晴雨和转折预报也是农业部门和农民群众十分关注的。如秋旱严重，估计将明显影响农作物产量时应及时向当地政府报告组织和实施人工增雨，以缓解旱情。

表7.3　秋季农业气象灾害及影响

主要生产活动关键期	主要作物及生长期	灾害类型	主要影响
1. 秋收秋种工作 2. 大春、晚秋作物收晒 3. 小春作物备耕、播栽及管理	1. 大春、晚秋作物成熟、收晒期 2. 小麦、油菜栽种	秋老虎	温高，水少会缩短作物发育进程。影响结实，蓄水
		秋绵雨	影响作物结实、收晒；小春备耕、播种

四、冬季农业气象服务

冬季的农事活动主要是冬种，越冬作物的田间管理，果、茶培土防寒、油菜垦复等。全区冬季播种的作物，以小麦、油菜的播种面积较大，其次是蚕豆、豌豆、马铃薯。由于纳溪区冬季以阴为主，天气阴冷，气温较低，越冬作物在冬季并非完全停止生长，因此播种移栽之后的水肥管理和围绕防寒而进行的中耕、除草、培土任务不少，还有果树和蔬菜大棚及畜、鱼的避寒防冻工作要做，因此冬季的农业气象服务很不轻松（表7.4）。

表7.4　冬季农业气象灾害及影响

主要生产活动关键期	主要作物及生长期	灾害类型	主要影响
小春作物越冬及生长	1. 小麦、油菜苗期生长、越冬 2. 小春作物穗、蕾形成分化期	强寒潮、强降温、霜冻	作物冻害
		冬旱、暖冬	温高，水少，出现冬旱，不利于小春作物生长

为了做到不失时机地搞好冬种，确保越冬作物、经济林果和畜禽鱼等安全越冬，务必做好下列农业气象服务工作。

1. 做好冬季晴雨预报和15℃，10℃界限温度终日日期预报和小麦、油菜的适宜播种期预报，确保越冬作物适时播种、适时移栽、适时管理，实现壮苗越冬。

2. 做好冷空气特别是强冷空气和寒潮入侵期预报，以便及时对越冬作物、果树、耕牛等采取防寒措施。

3. 及时发布冰冻、雨凇和大风预报，以便为冬季植树造林、水利设施建设、选择最佳时段，确保露地农业工程的避寒防冻。

4. 连旱期间要密切关注林区火险火警气象要素达标情况，及时发布森林火险预报，减少天然林火发生，减轻林火危害。

第三节　农业气象服务的主要任务、形式和组织

农业气象工作的主要目的，是帮助人们在农业生产活动中合理地利用有利的天气和气候条件，克服不利的天气和气候条件（趋利避害）以便帮助农业丰产丰收。

要达到这个目的，农业气象服务工作起着非常重要的作用。它的任务是及时为农业领导机关和农业生产单位提供农业气象预报、农业气象情报、农业气象专题分析以及有关的农业气候资料，并在实际工作中帮助有关单位正确利用这些信息，实现农业的高产优质高效。

一、农业气象服务的主要任务

1. 防灾减灾

发展和健全农业气象服务体系及农村气象灾害防御体系，搞好产前产中产后服务。

做好各个农事季节的天气气候变化趋势预报。

做好灾害天气、关键天气的预报服务。

做好人工影响局部天气工作。

建立农业气候资源评价服务系统，为地方农业开发作好气候论证，提供决策依据。

以专项区划为重点，突出农业专题区划和农业灾害风险区划，搞好农业气候区划工作。

在新农村建设工作中开展技术示范和技术推广。

2. 日常跟踪服务

根据农林果畜渔的不同情况和天气变化实况，运用相应的服务手段，主动开展跟踪服务，帮助农业趋利避害，促进农业的高产优质高效。

二、农业气象服务的主要形式

农业有强烈的地区性和季节性特点，农业气象服务工作必须因地因时制

宜，从实际出发，灵活地采用不同的服务形式。目前开展的农业气象服务形式大致有如下五大类：

1．农业气象情报

农业气象情报是通过对前期天气、气候和农业气象条件进行全面、准确分析，结合下一阶段天气、气候情况提出农业生产建议，为当地农业生产决策指挥部门、农业生产部门、农户提供的一种情报服务。农业气象情报可分为定期情报和非定期情报两种类型。

定期农业气象情报服务产品，根据当地当时的天气、气候和农业生产情况主要应包括以下几个方面内容：

时段内天气、气候概况（降雨、温度、日照等）。

时段内农业生产概况（农情、墒情、灾情等）。

时段内天气、气候条件对农业生产影响评价分析。

根据下阶段天气、气候条件预测，提出当前及今后一段时期农业生产措施建议。

主要气象要素、农情要素的图、表资料（如降水量、平均气温、空气相对湿度、土壤湿度、发育期等），主要包括《农业气候评价》《气候预测》《农业气象旬月报》《农用天气周报》《特色农业气象服务产品》等。

非定期农业气象情报是指在农业生产的关键季节、作物生长关键生育期内遇农业气象问题，需对相应的农业气象条件进行专项分析，提供专题的农业气象情报服务产品。一般可分为农作物（大宗粮油作物、特色农业）农业气象专题分析材料、农作物全生育期内农业天气气候条件分析评述、主要农业气象灾害监测分析评估等产品，主要包括《农业气象专题分析报告》《气象信息快报》《农业气象灾情月报》，各种农业气象灾害的专题报道以及根据用户的要求提供的专题咨询服务，春耕春播、夏收夏种和秋收秋种期间的专题服务产品、针对性调研报告以及各类临时咨询服务、会议材料、重大气象灾害评估等。

如重大气象灾害评估应在洪涝、连阴雨、干旱、冰雹、春寒、小满寒、秋季低温、烂秋、高温逼熟、寒潮、冻害等发生期间，将影响农业收成或其他经济建设时立即进行实地观测调查，迅速向农业领导机关汇报，并在2—3 d内写出包括下列内容的服务材料。即灾害天气名称、发生时间、终止时间、持续时间。灾害天气强度：洪涝，用总降水量、过程降水量、一日最大降水量表示；干旱，以干旱天数、蒸发量、干土层厚度表示；低温冻害，以日最低气温、过程降温、冰冻日数表示；冰雹用平均重量、最大重量、灾情范围、路径、农作物受害情况、面积表示，服务时应提出趋利避害的农业气象建议。

2．农业气象专题分析报告

农业气象专题分析报告的内容包括前期气候特点、农作物生育状况、后期天气展望及其对农作物可能造成的影响、农业气象建议、有关的资料图表等。

前期气候特点：概述前期主要受什么天气形势控制，主要天气过程有哪些，是否出现了灾害天气，光热水的平均状况，总的情况和极端情况，以及与去年、历年同期相比的偏差情况。

农作物生育状况：介绍前期农作物的生长发育速度和发育期出现情况。如分蘖分枝早迟、叶面积、干物质增长量、评分高低和株高、密度大小等；结合天气气候情况，农业气象灾害和病虫害的发生情况评价旬内农业气象条件的利弊程度。

后期天气展望及其对农作物可能造成的影响：主要天气形势、主要天气过程、晴雨日数、温度、雨量的平均状况、总状况、极端状况，是否会出现灾害天气等。结合农作物目前的长势，分析未来天气对其可能造成的有利或不利影响。

农业气象建议：根据农作物当前情况，未来所处生育期对外界环境的要求以及未来天气演变三个方面，从农业气象角度提出扬长避短、趋利避害，确保农作物正常生育和产量形成的农事建议。

资料图表：农业气象旬报，必要时要附有前期的光热水和农作物生育期、生长状况等的资料图表。

3．农用天气预报

农用天气预报是根据当地农业生产过程中各主要农事活动以及相关技术措施对天气条件的需要而编发的一种针对性较强的专业气象预报。它是从农业生产需要出发，在天气预报、气候预测、农业气象预报的基础上，结合农业气象指标体系、农业气象定量评价技术等，预测未来对农业有影响的天气条件、天气状况，并分析其对农业生产的具体影响，提出有针对性的措施和建议，为农业生产提供指导性服务的农业气象专项业务。目前主要开展春耕春播、夏收夏种和秋收秋种三个关键农事关键季节的农用天气预报。

根据当地当时的天气、气候和农业生产情况主要应包括以下几个方面内容：

作物对象的生育进程及重点关注农事活动。

前期农业气象条件（光、温、水、土壤墒情等）对作物生育进程及主要农事活动带来利弊影响评价分析。

根据下阶段的（5—7 d）天气预报，结合相关农业气象指标，分析影响作物生长及主要农事活动开展的关键气象因子或气象条件，预测下阶段时间内关键农事关键季节的农用天气适宜度级别。

根据下阶段农用天气适宜度级别的预测，提出当前及今后一段时间内应对天气变化的农业生产措施建议。

主要气象要素、农情要素、农用天气适宜度级别的图、表资料（如降水量、平均气温、空气相对湿度、土壤湿度、发育期等）。

核心内容为农事活动适宜气象等级，等级划分为三级，分别为适宜、较适宜、不适宜。农用天气预报服务产品的时效为1—5 d。

4．“直通式”农业气象服务

“直通式”农业气象服务是以规模化农业种养大户、农机大户及农机、植保、渔业等专业化服务组织和家庭农场、农民合作社、农业企业等新型农业经营主体为服务对象，紧紧围绕保障粮食安全和重要农产品有效供给、促进农业增效农民增收、保障农业生产安全这一目标，及时向各类用户提供农业气象信息的服务产品，以此来指导合理安排农业生产，提高防灾减灾水平，减轻灾害影响和损失，提升生产经营效益，确保粮食和农业生产安全。

根据当地当时的天气、气候和农业生产情况主要应包括以下几个方面内容：

当前作物所处生育进程及其对气象条件要求。

当前气象条件的利弊分析（如有灾害性天气出现，应作灾害评估分析）。

后期天气、气候趋势预测及利弊分析（如有灾害性天气出现，应作灾害的预警预报）。

根据下阶段天气、气候条件预测，提出当前及今后农业生产趋利避害的措施建议。

三、农业气象服务的主要方式及对象

农业气象服务的方式，主要有文字材料、手机短信、声讯电话、广播、电视、网络、电子显示屏、报纸、传真等，各具特色，可根据服务的需要选用。

服务的对象主要是农业生产决策部门、农民专业合作社、种养大户和广大农民等。

四、农业气象服务的组织工作

进行高质量的农业气象服务，决定于有效的农业气象服务组织工作。农业气象服务的组织工作主要包括：根据农业生产需要建立农业气象服务信息传播和交流网络，以及农业气象资料收集、服务材料编写、服务材料发送等的人员分工。

纳溪区农业生产涉及的方面繁多，农业技术千差万别，农业生产的各个部门对气象和农业气象的要求不一，为了促进农业不断增产增收，农业气象服务的组织工作必须很好地适应这些特点。

在农业气象服务的组织工作中，要将农业气象服务工作纳入地方政府的农业开发、资源利用和灾害防御等工作中去，将决策服务放在首位，为各级政府组织、指挥、实施生产计划以及防灾减灾当好参谋；要结合当地实际，加强服务的针对性，不断提高服务的质量；要树立市场观念，在农业气象服务工作中不断开拓进取，为加快农业向产量化、商品化、专业化、现代化转变做出贡献。

附录一

中华人民共和国气象法

（1999年10月31日第九届全国人民代表大会常务委员会第十二次会议通过　根据2009年8月27日第十一届全国人民代表大会常务委员会第十次会议《关于修改部分法律的决定》第一次修正　根据2014年8月31日第十二届全国人民代表大会常务委员会第十次会议《关于修改〈中华人民共和国保险法〉等五部法律的决定》第二次修正　根据2016年11月7日全国人民代表大会常务委员会《关于修改〈中华人民共和国对外贸易法〉等十二部法律的决定》第三次修订）

第一章　总　　则

第一条　为了发展气象事业，规范气象工作，准确、及时地发布气象预报，防御气象灾害，合理开发利用和保护气候资源，为经济建设、国防建设、社会发展和人民生活提供气象服务，制定本法。

第二条　在中华人民共和国领域和中华人民共和国管辖的其他海域从事气象探测、预报、服务和气象灾害防御、气候资源利用、气象科学技术研究等活动，应当遵守本法。

第三条　气象事业是经济建设、国防建设、社会发展和人民生活的基础性公益事业，气象工作应当把公益性气象服务放在首位。

县级以上人民政府应当加强对气象工作的领导和协调，将气象事业纳入中央和地方同级国民经济和社会发展计划及财政预算，以保障其充分发挥为社会公众、政府决策和经济发展服务的功能。

县级以上地方人民政府根据当地社会经济发展的需要所建设的地方气象事业项目，其投资主要由本级财政承担。

气象台站在确保公益性气象无偿服务的前提下，可以依法开展气象有偿服务。

第四条　县、市气象主管机构所属的气象台站应当主要为农业生产服务，及时主动提供保障当地农业生产所需的公益性气象信息服务。

第五条　国务院气象主管机构负责全国的气象工作。地方各级气象主管机构在上级气象主管机构和本级人民政府的领导下，负责本行政区域内的气象工作。

国务院其他有关部门和省、自治区、直辖市人民政府其他有关部门所属的气象台站，应当接受同级气象主管机构对其气象工作的指导、监督和行业管理。

第六条 从事气象业务活动，应当遵守国家制定的气象技术标准、规范和规程。

第七条 国家鼓励和支持气象科学技术研究、气象科学知识普及，培养气象人才，推广先进的气象科学技术，保护气象科技成果，加强国际气象合作与交流，发展气象信息产业，提高气象工作水平。

各级人民政府应当关心和支持少数民族地区、边远贫困地区、艰苦地区和海岛的气象台站的建设和运行。

对在气象工作中做出突出贡献的单位和个人，给予奖励。

第八条 外国的组织和个人在中华人民共和国领域和中华人民共和国管辖的其他海域从事气象活动，必须经国务院气象主管机构会同有关部门批准。

第二章 气象设施的建设与管理

第九条 国务院气象主管机构应当组织有关部门编制气象探测设施、气象信息专用传输设施、大型气象专用技术装备等重要气象设施的建设规划，报国务院批准后实施。气象设施建设规划的调整、修改，必须报国务院批准。

编制气象设施建设规划，应当遵循合理布局、有效利用、兼顾当前与长远需要的原则，避免重复建设。

第十条 重要气象设施建设项目应当符合重要气象设施建设规划要求，并在项目建议书和可行性研究报告批准前，征求国务院气象主管机构或者省、自治区、直辖市气象主管机构的意见。

第十一条 国家依法保护气象设施，任何组织或者个人不得侵占、损毁或者擅自移动气象设施。

气象设施因不可抗力遭受破坏时，当地人民政府应当采取紧急措施，组织力量修复，确保气象设施正常运行。

第十二条 未经依法批准，任何组织或者个人不得迁移气象台站；确因实施城市规划或者国家重点工程建设，需要迁移国家基准气候站、基本气象站的，应当报经国务院气象主管机构批准；需要迁移其他气象台站的，应当报经省、自治区、直辖市气象主管机构批准。迁建费用由建设单位承担。

第十三条 气象专用技术装备应当符合国务院气象主管机构规定的技术要求，并经国务院气象主管机构审查合格；未经审查或者审查不合格的，不得在气象业务中使用。

第十四条 气象计量器具应当依照《中华人民共和国计量法》的有关规定，经气象计量检定机构检定。未经检定、检定不合格或者超过检定有效期的气象计量器具，不得使用。

国务院气象主管机构和省、自治区、直辖市气象主管机构可以根据需要建立气象计量标准器具，其各项最高计量标准器具依照《中华人民共和国计量法》的规定，经考核合格后，方可使用。

第三章 气象探测

第十五条 各级气象主管机构所属的气象台站，应当按照国务院气象主管机构的规定，进行气象探测并向有关气象主管机构汇交气象探测资料。未经上级气象主管机构批准，不得中止气象探测。

国务院气象主管机构及有关地方气象主管机构应当按照国家规定适时发布基本气象探测资料。

第十六条 国务院其他有关部门和省、自治区、直辖市人民政府其他有关部门所属的气象台站及其他从事气象探测的组织和个人，应当按照国家有关规定向国务院气象主管机构或者省、自治区、直辖市气象主管机构汇交所获得的气象探测资料。

各级气象主管机构应当按照气象资料共享、共用的原则，根据国家有关规定，与其他从事气象工作的机构交换有关气象信息资料。

第十七条 在中华人民共和国内水、领海和中华人民共和国管辖的其他海域的海上钻井平台和具有中华人民共和国国籍的在国际航线上飞行的航空器、远洋航行的船舶，应当按照国家有关规定进行气象探测并报告气象探测信息。

第十八条 基本气象探测资料以外的气象探测资料需要保密的，其密级的确定、变更和解密以及使用，依照《中华人民共和国保守国家秘密法》的规定执行。

第十九条 国家依法保护气象探测环境，任何组织和个人都有保护气象探测环境的义务。

第二十条 禁止下列危害气象探测环境的行为：

（一）在气象探测环境保护范围内设置障碍物、进行爆破和采石；

（二）在气象探测环境保护范围内设置影响气象探测设施工作效能的高频电磁辐射装置；

（三）在气象探测环境保护范围内从事其他影响气象探测的行为。

气象探测环境保护范围的划定标准由国务院气象主管机构规定。各级人民政府应当按照法定标准划定气象探测环境的保护范围，并纳入城市规划或者村庄和集镇规划。

第二十一条　新建、扩建、改建建设工程，应当避免危害气象探测环境；确实无法避免的，建设单位应当事先征得省、自治区、直辖市气象主管机构的同意，并采取相应的措施后，方可建设。

第四章　气象预报与灾害性天气警报

第二十二条　国家对公众气象预报和灾害性天气警报实行统一发布制度。

各级气象主管机构所属的气象台站应当按照职责向社会发布公众气象预报和灾害性天气警报，并根据天气变化情况及时补充或者订正。其他任何组织或者个人不得向社会发布公众气象预报和灾害性天气警报。

国务院其他有关部门和省、自治区、直辖市人民政府其他有关部门所属的气象台站，可以发布供本系统使用的专项气象预报。

各级气象主管机构及其所属的气象台站应当提高公众气象预报和灾害性天气警报的准确性、及时性和服务水平。

第二十三条　各级气象主管机构所属的气象台站应当根据需要，发布农业气象预报、城市环境气象预报、火险气象等级预报等专业气象预报，并配合军事气象部门进行国防建设所需的气象服务工作。

第二十四条　各级广播、电视台站和省级人民政府指定的报纸，应当安排专门的时间或者版面，每天播发或者刊登公众气象预报或者灾害性天气警报。

各级气象主管机构所属的气象台站应当保证其制作的气象预报节目的质量。

广播、电视播出单位改变气象预报节目播发时间安排的，应当事先征得有关气象台站的同意；对国计民生可能产生重大影响的灾害性天气警报和补充、订正的气象预报，应当及时增播或者插播。

第二十五条　广播、电视、报纸、电信等媒体向社会传播气象预报和灾害性天气警报，必须使用气象主管机构所属的气象台站提供的适时气象信息，并标明发布时间和气象台站的名称。通过传播气象信息获得的收益，应当提取一部分支持气象事业的发展。

第二十六条 信息产业部门应当与气象主管机构密切配合，确保气象通信畅通，准确、及时地传递气象情报、气象预报和灾害性天气警报。

气象无线电专用频道和信道受国家保护，任何组织或者个人不得挤占和干扰。

第五章 气象灾害防御

第二十七条 县级以上人民政府应当加强气象灾害监测、预警系统建设，组织有关部门编制气象灾害防御规划，并采取有效措施，提高防御气象灾害的能力。有关组织和个人应当服从人民政府的指挥和安排，做好气象灾害防御工作。

第二十八条 各级气象主管机构应当组织对重大灾害性天气的跨地区、跨部门的联合监测、预报工作，及时提出气象灾害防御措施，并对重大气象灾害作出评估,为本级人民政府组织防御气象灾害提供决策依据。

各级气象主管机构所属的气象台站应当加强对可能影响当地的灾害性天气的监测和预报，并及时报告有关气象主管机构。其他有关部门所属的气象台站和与灾害性天气监测、预报有关的单位应当及时向气象主管机构提供监测、预报气象灾害所需要的气象探测信息和有关的水情、风暴潮等监测信息。

第二十九条 县级以上地方人民政府应当根据防御气象灾害的需要，制定气象灾害防御方案，并根据气象主管机构提供的气象信息，组织实施气象灾害防御方案，避免或者减轻气象灾害。

第三十条 县级以上人民政府应当加强对人工影响天气工作的领导，并根据实际情况，有组织、有计划地开展人工影响天气工作。

国务院气象主管机构应当加强对全国人工影响天气工作的管理和指导。地方各级气象主管机构应当制定人工影响天气作业方案，并在本级人民政府的领导和协调下，管理、指导和组织实施人工影响天气作业。有关部门应当按照职责分工，配合气象主管机构做好人工影响天气的有关工作。

实施人工影响天气作业的组织必须具备省、自治区、直辖市气象主管机构规定的条件，并使用符合国务院气象主管机构要求的技术标准的作业设备，遵守作业规范。

第三十一条 各级气象主管机构应当加强对雷电灾害防御工作的组织管

理，并会同有关部门指导对可能遭受雷击的建筑物、构筑物和其他设施安装的雷电灾害防护装置的检测工作。

安装的雷电灾害防护装置应当符合国务院气象主管机构规定的使用要求。

第六章 气候资源开发利用和保护

第三十二条 国务院气象主管机构负责全国气候资源的综合调查、区划工作，组织进行气候监测、分析、评价，并对可能引起气候恶化的大气成分进行监测，定期发布全国气候状况公报。

第三十三条 县级以上地方人民政府应当根据本地区气候资源的特点，对气候资源开发利用的方向和保护的重点作出规划。

地方各级气象主管机构应当根据本级人民政府的规划，向本级人民政府和同级有关部门提出利用、保护气候资源和推广应用气候资源区划等成果的建议。

第三十四条 各级气象主管机构应当组织对城市规划、国家重点建设工程、重大区域性经济开发项目和大型太阳能、风能等气候资源开发利用项目进行气候可行性论证。

具有大气环境影响评价资质的单位进行工程建设项目大气环境影响评价时，应当使用符合国家气象技术标准的气象资料。

第七章 法律责任

第三十五条 违反本法规定，有下列行为之一的，由有关气象主管机构按照权限责令停止违法行为，限期恢复原状或者采取其他补救措施，可以并处五万元以下的罚款；造成损失的，依法承担赔偿责任；构成犯罪的，依法追究刑事责任：

（一）侵占、损毁或者未经批准擅自移动气象设施的；

（二）在气象探测环境保护范围内从事危害气象探测环境活动的。

在气象探测环境保护范围内，违法批准占用土地的，或者非法占用土地新建建筑物或者其他设施的，依照《中华人民共和国城乡规划法》或者《中华人民共和国土地管理法》的有关规定处罚。

第三十六条 违反本法规定，使用不符合技术要求的气象专用技术装备，造成危害的，由有关气象主管机构按照权限责令改正，给予警告，可以并处五万元以下的罚款。

第三十七条 违反本法规定，安装不符合使用要求的雷电灾害防护装置的，由有关气象主管机构责令改正，给予警告。使用不符合使用要求的雷电灾害防护装置给他人造成损失的，依法承担赔偿责任。

第三十八条 违反本法规定，有下列行为之一的，由有关气象主管机构按照权限责令改正，给予警告，可以并处五万元以下的罚款：

（一）非法向社会发布公众气象预报、灾害性天气警报的；

（二）广播、电视、报纸、电信等媒体向社会传播公众气象预报、灾害性天气警报，不使用气象主管机构所属的气象台站提供的适时气象信息的；

（三）从事大气环境影响评价的单位进行工程建设项目大气环境影响评价时，使用的气象资料不符合国家气象技术标准的。

第三十九条 违反本法规定，不具备省、自治区、直辖市气象主管机构规定的条件实施人工影响天气作业的，或者实施人工影响天气作业使用不符合国务院气象主管机构要求的技术标准的作业设备的，由有关气象主管机构按照权限责令改正，给予警告，可以并处十万元以下的罚款；给他人造成损失的，依法承担赔偿责任；构成犯罪的，依法追究刑事责任。

第四十条 各级气象主管机构及其所属气象台站的工作人员由于玩忽职守，导致重大漏报、错报公众气象预报、灾害性天气警报，以及丢失或者毁坏原始气象探测资料、伪造气象资料等事故的，依法给予行政处分；致使国家利益和人民生命财产遭受重大损失，构成犯罪的，依法追究刑事责任。

第八章 附　则

第四十一条 本法中下列用语的含义是：

（一）气象设施，是指气象探测设施、气象信息专用传输设施、大型气象专用技术装备等。

（二）气象探测，是指利用科技手段对大气和近地层的大气物理过程、现象及其化学性质等进行的系统观察和测量。

（三）气象探测环境，是指为避开各种干扰保证气象探测设施准确获得气象探测信息所必需的最小距离构成的环境空间。

（四）气象灾害，是指台风、暴雨（雪）、寒潮、大风（沙尘暴）、低温、高温、干旱、雷电、冰雹、霜冻和大雾等所造成的灾害。

（五）人工影响天气，是指为避免或者减轻气象灾害，合理利用气候资源，在适当条件下通过科技手段对局部大气的物理、化学过程进行人工影响，实现增雨雪、防雹、消雨、消雾、防霜等目的的活动。

第四十二条　气象台站和其他开展气象有偿服务的单位，从事气象有偿服务的范围、项目、收费等具体管理办法，由国务院依据本法规定。

第四十三条　中国人民解放军气象工作的管理办法，由中央军事委员会制定。

第四十四条　中华人民共和国缔结或者参加的有关气象活动的国际条约与本法有不同规定的,适用该国际条约的规定；但是，中华人民共和国声明保留的条款除外。

第四十五条　本法自2000年1月1日起施行。1994年8月18日国务院发布的《中华人民共和国气象条例》同时废止。

附录二

中华人民共和国气象灾害防御条例

中华人民共和国国务院令

第570号

《气象灾害防御条例》已经2010年1月20日国务院第98次常务会议通过，现予公布，自2010年4月1日起施行。

总　理　温家宝

二〇一〇年一月二十七日

第一章　总　　则

第一条　为了加强气象灾害的防御，避免、减轻气象灾害造成的损失，保障人民生命财产安全，根据《中华人民共和国气象法》，制定本条例。

第二条　在中华人民共和国领域和中华人民共和国管辖的其他海域内从事气象灾害防御活动的，应当遵守本条例。

本条例所称气象灾害，是指台风、暴雨（雪）、寒潮、大风（沙尘暴）、低温、高温、干旱、雷电、冰雹、霜冻和大雾等所造成的灾害。

水旱灾害、地质灾害、海洋灾害、森林草原火灾等因气象因素引发的衍生、次生灾害的防御工作，适用有关法律、行政法规的规定。

第三条　气象灾害防御工作实行以人为本、科学防御、部门联动、社会参与的原则。

第四条　县级以上人民政府应当加强对气象灾害防御工作的组织、领导和协调，将气象灾害的防御纳入本级国民经济和社会发展规划，所需经费纳入本级财政预算。

第五条　国务院气象主管机构和国务院有关部门应当按照职责分工，共同做好全国气象灾害防御工作。

地方各级气象主管机构和县级以上地方人民政府有关部门应当按照职责分工，共同做好本行政区域的气象灾害防御工作。

第六条　气象灾害防御工作涉及两个以上行政区域的，有关地方人民政府、有关部门应当建立联防制度，加强信息沟通和监督检查。

第七条　地方各级人民政府、有关部门应当采取多种形式，向社会宣传普及气象灾害防御知识，提高公众的防灾减灾意识和能力。

学校应当把气象灾害防御知识纳入有关课程和课外教育内容，培养和提高学生的气象灾害防范意识和自救互救能力。教育、气象等部门应当对学校开展的气象灾害防御教育进行指导和监督。

第八条　国家鼓励开展气象灾害防御的科学技术研究，支持气象灾害防御先进技术的推广和应用，加强国际合作与交流，提高气象灾害防御的科技水平。

第九条　公民、法人和其他组织有义务参与气象灾害防御工作，在气象灾害发生后开展自救互救。

对在气象灾害防御工作中做出突出贡献的组织和个人，按照国家有关规定给予表彰和奖励。

第二章　预　防

第十条　县级以上地方人民政府应当组织气象等有关部门对本行政区域内发生的气象灾害的种类、次数、强度和造成的损失等情况开展气象灾害普查，建立气象灾害数据库，按照气象灾害的种类进行气象灾害风险评估，并根据气象灾害分布情况和气象灾害风险评估结果，划定气象灾害风险区域。

第十一条　国务院气象主管机构应当会同国务院有关部门，根据气象灾害风险评估结果和气象灾害风险区域，编制国家气象灾害防御规划，报国务院批准后组织实施。

县级以上地方人民政府应当组织有关部门，根据上一级人民政府的气象灾害防御规划，结合本地气象灾害特点，编制本行政区域的气象灾害防御规划。

第十二条　气象灾害防御规划应当包括气象灾害发生发展规律和现状、防御原则和目标、易发区和易发时段、防御设施建设和管理以及防御措施等内容。

第十三条　国务院有关部门和县级以上地方人民政府应当按照气象灾害防御规划，加强气象灾害防御设施建设，做好气象灾害防御工作。

第十四条　国务院有关部门制定电力、通信等基础设施的工程建设标准，应当考虑气象灾害的影响。

第十五条　国务院气象主管机构应当会同国务院有关部门，根据气象灾害防御需要，编制国家气象灾害应急预案，报国务院批准。

县级以上地方人民政府、有关部门应当根据气象灾害防御规划，结合本地气象灾害的特点和可能造成的危害，组织制定本行政区域的气象灾害应急预案，报上一级人民政府、有关部门备案。

第十六条 气象灾害应急预案应当包括应急预案启动标准、应急组织指挥体系与职责、预防与预警机制、应急处置措施和保障措施等内容。

第十七条 地方各级人民政府应当根据本地气象灾害特点，组织开展气象灾害应急演练，提高应急救援能力。居民委员会、村民委员会、企业事业单位应当协助本地人民政府做好气象灾害防御知识的宣传和气象灾害应急演练工作。

第十八条 大风（沙尘暴）、龙卷风多发区域的地方各级人民政府、有关部门应当加强防护林和紧急避难场所等建设，并定期组织开展建（构）筑物防风避险的监督检查。

台风多发区域的地方各级人民政府、有关部门应当加强海塘、堤防、避风港、防护林、避风锚地、紧急避难场所等建设，并根据台风情况做好人员转移等准备工作。

第十九条 地方各级人民政府、有关部门和单位应当根据本地降雨情况，定期组织开展各种排水设施检查，及时疏通河道和排水管网，加固病险水库，加强对地质灾害易发区和堤防等重要险段的巡查。

第二十条 地方各级人民政府、有关部门和单位应当根据本地降雪、冰冻发生情况，加强电力、通信线路的巡查，做好交通疏导、积雪（冰）清除、线路维护等准备工作。

有关单位和个人应当根据本地降雪情况，做好危旧房屋加固、粮草储备、牲畜转移等准备工作。

第二十一条 地方各级人民政府、有关部门和单位应当在高温来临前做好供电、供水和防暑医药供应的准备工作，并合理调整工作时间。

第二十二条 大雾、霾多发区域的地方各级人民政府、有关部门和单位应当加强对机场、港口、高速公路、航道、渔场等重要场所和交通要道的大雾、霾的监测设施建设，做好交通疏导、调度和防护等准备工作。

第二十三条 各类建（构）筑物、场所和设施安装雷电防护装置应当符合国家有关防雷标准的规定。

对新建、改建、扩建建（构）筑物设计文件进行审查，应当就雷电防护装置的设计征求气象主管机构的意见；对新建、改建、扩建建（构）筑物进行竣工验收，应当同时验收雷电防护装置并有气象主管机构参加。雷电易发区内的矿区、旅游景点或者投入使用的建（构）筑物、设施需要单独安装雷电防护装置的，雷电防护装置的设计审核和竣工验收由县级以上地方气象主管机构负责。

第二十四条　专门从事雷电防护装置设计、施工、检测的单位应当具备下列条件，取得国务院气象主管机构或者省、自治区、直辖市气象主管机构颁发的资质证：

（一）有法人资格；

（二）有固定的办公场所和必要的设备、设施；

（三）有相应的专业技术人员；

（四）有完备的技术和质量管理制度；

（五）国务院气象主管机构规定的其他条件。

从事电力、通信雷电防护装置检测的单位的资质证由国务院气象主管机构和国务院电力或者国务院通信主管部门共同颁发。依法取得建设工程设计、施工资质的单位，可以在核准的资质范围内从事建设工程雷电防护装置的设计、施工。

第二十五条　地方各级人民政府、有关部门应当根据本地气象灾害发生情况，加强农村地区气象灾害预防、监测、信息传播等基础设施建设，采取综合措施，做好农村气象灾害防御工作。

第二十六条　各级气象主管机构应当在本级人民政府的领导和协调下，根据实际情况组织开展人工影响天气工作，减轻气象灾害的影响。

第二十七条　县级以上人民政府有关部门在国家重大建设工程、重大区域性经济开发项目和大型太阳能、风能等气候资源开发利用项目以及城乡规划编制中，应当统筹考虑气候可行性和气象灾害的风险性，避免、减轻气象灾害的影响。

第三章　监测、预报和预警

第二十八条　县级以上地方人民政府应当根据气象灾害防御的需要，建设应急移动气象灾害监测设施，健全应急监测队伍，完善气象灾害监测体系。

县级以上人民政府应当整合完善气象灾害监测信息网络，实现信息资源共享。

第二十九条 各级气象主管机构及其所属的气象台站应当完善灾害性天气的预报系统，提高灾害性天气预报、警报的准确率和时效性。

各级气象主管机构所属的气象台站、其他有关部门所属的气象台站和与灾害性天气监测、预报有关的单位应当根据气象灾害防御的需要，按照职责开展灾害性天气的监测工作，并及时向气象主管机构和有关灾害防御、救助部门提供雨情、水情、风情、旱情等监测信息。

各级气象主管机构应当根据气象灾害防御的需要组织开展跨地区、跨部门的气象灾害联合监测，并将人口密集区、农业主产区、地质灾害易发区域、重要江河流域、森林、草原、渔场作为气象灾害监测的重点区域。

第三十条 各级气象主管机构所属的气象台站应当按照职责向社会统一发布灾害性天气警报和气象灾害预警信号，并及时向有关灾害防御、救助部门通报；其他组织和个人不得向社会发布灾害性天气警报和气象灾害预警信号。

气象灾害预警信号的种类和级别，由国务院气象主管机构规定。

第三十一条 广播、电视、报纸、电信等媒体应当及时向社会播发或者刊登当地气象主管机构所属的气象台站提供的适时灾害性天气警报、气象灾害预警信号，并根据当地气象台站的要求及时增播、插播或者刊登。

第三十二条 县级以上地方人民政府应当建立和完善气象灾害预警信息发布系统，并根据气象灾害防御的需要，在交通枢纽、公共活动场所等人口密集区域和气象灾害易发区域建立灾害性天气警报、气象灾害预警信号接收和播发设施，并保证设施的正常运转。

乡（镇）人民政府、街道办事处应当确定人员，协助气象主管机构、民政部门开展气象灾害防御知识宣传、应急联络、信息传递、灾害报告和灾情调查等工作。

第三十三条 各级气象主管机构应当做好太阳风暴、地球空间暴等空间天气灾害的监测、预报和预警工作。

第四章　应急处置

第三十四条 各级气象主管机构所属的气象台站应当及时向本级人民政府和有关部门报告灾害性天气预报、警报情况和气象灾害预警信息。

县级以上地方人民政府、有关部门应当根据灾害性天气警报、气象灾害预警信号和气象灾害应急预案启动标准，及时作出启动相应应急预案的决定，向社会公布，并报告上一级人民政府；必要时，可以越级上报，并向当地驻军和可能受到危害的毗邻地区的人民政府通报。

发生跨省、自治区、直辖市大范围的气象灾害，并造成较大危害时，由国务院决定启动国家气象灾害应急预案。

第三十五条　县级以上地方人民政府应当根据灾害性天气影响范围、强度，将可能造成人员伤亡或者重大财产损失的区域临时确定为气象灾害危险区，并及时予以公告。

第三十六条　县级以上地方人民政府、有关部门应当根据气象灾害发生情况，依照《中华人民共和国突发事件应对法》的规定及时采取应急处置措施；情况紧急时，及时动员、组织受到灾害威胁的人员转移、疏散，开展自救互救。

对当地人民政府、有关部门采取的气象灾害应急处置措施，任何单位和个人应当配合实施，不得妨碍气象灾害救助活动。

第三十七条　气象灾害应急预案启动后，各级气象主管机构应当组织所属的气象台站加强对气象灾害的监测和评估，启用应急移动气象灾害监测设施，开展现场气象服务，及时向本级人民政府、有关部门报告灾害性天气实况、变化趋势和评估结果，为本级人民政府组织防御气象灾害提供决策依据。

第三十八条　县级以上人民政府有关部门应当按照各自职责，做好相应的应急工作。

民政部门应当设置避难场所和救济物资供应点，开展受灾群众救助工作，并按照规定职责核查灾情、发布灾情信息。

卫生主管部门应当组织医疗救治、卫生防疫等卫生应急工作。

交通运输、铁路等部门应当优先运送救灾物资、设备、药物、食品，及时抢修被毁的道路交通设施。

住房城乡建设部门应当保障供水、供气、供热等市政公用设施的安全运行。

电力、通信主管部门应当组织做好电力、通信应急保障工作。

国土资源部门应当组织开展地质灾害监测、预防工作。

农业主管部门应当组织开展农业抗灾救灾和农业生产技术指导工作。

水利主管部门应当统筹协调主要河流、水库的水量调度，组织开展防汛抗旱工作。

公安部门应当负责灾区的社会治安和道路交通秩序维护工作，协助组织灾区群众进行紧急转移。

第三十九条 气象、水利、国土资源、农业、林业、海洋等部门应当根据气象灾害发生的情况，加强对气象因素引发的衍生、次生灾害的联合监测，并根据相应的应急预案，做好各项应急处置工作。

第四十条 广播、电视、报纸、电信等媒体应当及时、准确地向社会传播气象灾害的发生、发展和应急处置情况。

第四十一条 县级以上人民政府及其有关部门应当根据气象主管机构提供的灾害性天气发生、发展趋势信息以及灾情发展情况，按照有关规定适时调整气象灾害级别或者作出解除气象灾害应急措施的决定。

第四十二条 气象灾害应急处置工作结束后，地方各级人民政府应当组织有关部门对气象灾害造成的损失进行调查，制定恢复重建计划，并向上一级人民政府报告。

第五章 法律责任

第四十三条 违反本条例规定，地方各级人民政府、各级气象主管机构和其他有关部门及其工作人员，有下列行为之一的，由其上级机关或者监察机关责令改正；情节严重的，对直接负责的主管人员和其他直接责任人员依法给予处分；构成犯罪的，依法追究刑事责任：

（一）未按照规定编制气象灾害防御规划或者气象灾害应急预案的；

（二）未按照规定采取气象灾害预防措施的；

（三）向不符合条件的单位颁发雷电防护装置设计、施工、检测资质证的；

（四）隐瞒、谎报或者由于玩忽职守导致重大漏报、错报灾害性天气警报、气象灾害预警信号的；

（五）未及时采取气象灾害应急措施的；

（六）不依法履行职责的其他行为。

第四十四条 违反本条例规定，有下列行为之一的，由县级以上地方人民政府或者有关部门责令改正；构成违反治安管理行为的，由公安机关依法给予处罚；构成犯罪的，依法追究刑事责任：

（一）未按照规定采取气象灾害预防措施的；

（二）不服从所在地人民政府及其有关部门发布的气象灾害应急处置决定、命令，或者不配合实施其依法采取的气象灾害应急措施的。

第四十五条 违反本条例规定，有下列行为之一的，由县级以上气象主管机构或者其他有关部门按照权限责令停止违法行为，处5万元以上10万元以下的罚款；有违法所得的，没收违法所得；给他人造成损失的，依法承担赔偿责任：

（一）无资质或者超越资质许可范围从事雷电防护装置设计、施工、检测的；

（二）在雷电防护装置设计、施工、检测中弄虚作假的。

第四十六条　违反本条例规定，有下列行为之一的，由县级以上气象主管机构责令改正，给予警告，可以处5万元以下的罚款；构成违反治安管理行为的，由公安机关依法给予处罚：

（一）擅自向社会发布灾害性天气警报、气象灾害预警信号的；

（二）广播、电视、报纸、电信等媒体未按照要求播发、刊登灾害性天气警报和气象灾害预警信号的；

（三）传播虚假的或者通过非法渠道获取的灾害性天气信息和气象灾害灾情的。

第六章　附　　则

第四十七条　中国人民解放军的气象灾害防御活动，按照中央军事委员会的规定执行。

第四十八条　本条例自2010年4月1日起施行。

附录三

中华人民共和国气象设施和气象探测环境保护条例

中华人民共和国国务院令

第623号

《气象设施和气象探测环境保护条例》已经2012年8月22日国务院第214次常务会议通过，现予公布，自2012年12月1日起施行。

总　理　温家宝

2012年8月29日

第一条　为了保护气象设施和气象探测环境，确保气象探测信息的代表性、准确性、连续性和可比较性，根据《中华人民共和国气象法》，制定本条例。

第二条　本条例所称气象设施，是指气象探测设施、气象信息专用传输设施和大型气象专用技术装备等。

本条例所称气象探测环境，是指为避开各种干扰，保证气象探测设施准确获得气象探测信息所必需的最小距离构成的环境空间。

第三条　气象设施和气象探测环境保护实行分类保护、分级管理的原则。

第四条　县级以上地方人民政府应当加强对气象设施和气象探测环境保护工作的组织领导和统筹协调，将气象设施和气象探测环境保护工作所需经费纳入财政预算。

第五条　国务院气象主管机构负责全国气象设施和气象探测环境的保护工作。地方各级气象主管机构在上级气象主管机构和本级人民政府的领导下，负责本行政区域内气象设施和气象探测环境的保护工作。

设有气象台站的国务院其他有关部门和省、自治区、直辖市人民政府其他有关部门应当做好本部门气象设施和气象探测环境的保护工作，并接受同级气象主管机构的指导和监督管理。

发展改革、国土资源、城乡规划、无线电管理、环境保护等有关部门按照职责分工负责气象设施和气象探测环境保护的有关工作。

第六条　任何单位和个人都有义务保护气象设施和气象探测环境，并有权对破坏气象设施和气象探测环境的行为进行举报。

第七条　地方各级气象主管机构应当会同城乡规划、国土资源等部门制定气象设施和气象探测环境保护专项规划，报本级人民政府批准后依法纳入城乡规划。

第八条　气象设施是基础性公共服务设施。县级以上地方人民政府应当按照气象设施建设规划的要求，合理安排气象设施建设用地，保障气象设施建设顺利进行。

第九条　各级气象主管机构应当按照相关质量标准和技术要求配备气象设施，设置必要的保护装置，建立健全安全管理制度。

地方各级气象主管机构应当按照国务院气象主管机构的规定，在气象设施附近显著位置设立保护标志，标明保护要求。

第十条　禁止实施下列危害气象设施的行为：

（一）侵占、损毁、擅自移动气象设施或者侵占气象设施用地；

（二）在气象设施周边进行危及气象设施安全的爆破、钻探、采石、挖砂、取土等活动；

（三）挤占、干扰依法设立的气象无线电台（站）、频率；

（四）设置影响大型气象专用技术装备使用功能的干扰源；

（五）法律、行政法规和国务院气象主管机构规定的其他危害气象设施的行为。

第十一条　大气本底站、国家基准气候站、国家基本气象站、国家一般气象站、高空气象观测站、天气雷达站、气象卫星地面站、区域气象观测站等气象台站和单独设立的气象探测设施的探测环境，应当依法予以保护。

第十二条　禁止实施下列危害大气本底站探测环境的行为：

（一）在观测场周边3万米探测环境保护范围内新建、扩建城镇、工矿区，或者在探测环境保护范围上空设置固定航线；

（二）在观测场周边1万米范围内设置垃圾场、排污口等干扰源；

（三）在观测场周边1000米范围内修建建筑物、构筑物。

第十三条　禁止实施下列危害国家基准气候站、国家基本气象站探测环境的行为：

（一）在国家基准气候站观测场周边2000米探测环境保护范围内或者国家基本气象站观测场周边1000米探测环境保护范围内修建高度超过距观测场距离

1/10的建筑物、构筑物；

（二）在观测场周边500米范围内设置垃圾场、排污口等干扰源；

（三）在观测场周边200米范围内修建铁路；

（四）在观测场周边100米范围内挖筑水塘等；

（五）在观测场周边50米范围内修建公路、种植高度超过1米的树木和作物等。

第十四条 禁止实施下列危害国家一般气象站探测环境的行为：

（一）在观测场周边800米探测环境保护范围内修建高度超过距观测场距离1/8的建筑物、构筑物；

（二）在观测场周边200米范围内设置垃圾场、排污口等干扰源；

（三）在观测场周边100米范围内修建铁路；

（四）在观测场周边50米范围内挖筑水塘等；

（五）在观测场周边30米范围内修建公路、种植高度超过1米的树木和作物等。

第十五条 高空气象观测站、天气雷达站、气象卫星地面站、区域气象观测站和单独设立的气象探测设施探测环境的保护，应当严格执行国家规定的保护范围和要求。

前款规定的保护范围和要求由国务院气象主管机构公布，涉及无线电频率管理的，国务院气象主管机构应当征得国务院无线电管理部门的同意。

第十六条 地方各级气象主管机构应当将本行政区域内气象探测环境保护要求报告本级人民政府和上一级气象主管机构，并抄送同级发展改革、国土资源、城乡规划、住房建设、无线电管理、环境保护等部门。

对不符合气象探测环境保护要求的建筑物、构筑物、干扰源等，地方各级气象主管机构应当根据实际情况，商有关部门提出治理方案，报本级人民政府批准并组织实施。

第十七条 在气象台站探测环境保护范围内新建、改建、扩建建设工程，应当避免危害气象探测环境；确实无法避免的，建设单位应当向国务院气象主管机构或者省、自治区、直辖市气象主管机构报告并提出相应的补救措施，经国务院气象主管机构或者省、自治区、直辖市气象主管机构书面同意。未征得气象主管机构书面同意或者未落实补救措施的，有关部门不得批准其开工建设。

在单独设立的气象探测设施探测环境保护范围内新建、改建、扩建建设工程的，建设单位应当事先报告当地气象主管机构，并按照要求采取必要的工程、技术措施。

第十八条　气象台站站址应当保持长期稳定，任何单位或者个人不得擅自迁移气象台站。

因国家重点工程建设或者城市（镇）总体规划变化，确需迁移气象台站的，建设单位或者当地人民政府应当向省、自治区、直辖市气象主管机构提出申请，由省、自治区、直辖市气象主管机构组织专家对拟迁新址的科学性、合理性进行评估，符合气象设施和气象探测环境保护要求的，在纳入城市（镇）控制性详细规划后，按照先建站后迁移的原则进行迁移。

申请迁移大气本底站、国家基准气候站、国家基本气象站的，由受理申请的省、自治区、直辖市气象主管机构签署意见并报送国务院气象主管机构审批；申请迁移其他气象台站的，由省、自治区、直辖市气象主管机构审批，并报送国务院气象主管机构备案。

气象台站迁移、建设费用由建设单位承担。

第十九条　气象台站探测环境遭到严重破坏，失去治理和恢复可能的，国务院气象主管机构或者省、自治区、直辖市气象主管机构可以按照职责权限和先建站后迁移的原则，决定迁移气象台站；该气象台站所在地地方人民政府应当保证气象台站迁移用地，并承担迁移、建设费用。地方人民政府承担迁移、建设费用后，可以向破坏探测环境的责任人追偿。

第二十条　迁移气象台站的，应当按照国务院气象主管机构的规定，在新址与旧址之间进行至少1年的对比观测。

迁移的气象台站经批准、决定迁移的气象主管机构验收合格，正式投入使用后，方可改变旧址用途。

第二十一条　因工程建设或者气象探测环境治理需要迁移单独设立的气象探测设施的，应当经设立该气象探测设施的单位同意，并按照国务院气象主管机构规定的技术要求进行复建。

第二十二条　各级气象主管机构应当加强对气象设施和气象探测环境保护的日常巡查和监督检查。各级气象主管机构可以采取下列措施：

（一）要求被检查单位或者个人提供有关文件、证照、资料；

（二）要求被检查单位或者个人就有关问题作出说明；

（三）进入现场调查、取证。

各级气象主管机构在监督检查中发现应当由其他部门查处的违法行为，应当通报有关部门进行查处。有关部门未及时查处的，各级气象主管机构可以直接通报、报告有关地方人民政府责成有关部门进行查处。

第二十三条 各级气象主管机构以及发展改革、国土资源、城乡规划、无线电管理、环境保护等有关部门及其工作人员违反本条例规定，有下列行为之一的，由本级人民政府或者上级机关责令改正，通报批评；对直接负责的主管人员和其他直接责任人员依法给予处分；构成犯罪的，依法追究刑事责任：

（一）擅自迁移气象台站的；

（二）擅自批准在气象探测环境保护范围内设置垃圾场、排污口、无线电台（站）等干扰源以及新建、改建、扩建建设工程危害气象探测环境的；

（三）有其他滥用职权、玩忽职守、徇私舞弊等不履行气象设施和气象探测环境保护职责行为的。

第二十四条 违反本条例规定，危害气象设施的，由气象主管机构责令停止违法行为，限期恢复原状或者采取其他补救措施；逾期拒不恢复原状或者采取其他补救措施的，由气象主管机构依法申请人民法院强制执行，并对违法单位处1万元以上5万元以下罚款，对违法个人处100元以上1000元以下罚款；造成损害的，依法承担赔偿责任；构成违反治安管理行为的，由公安机关依法给予治安管理处罚；构成犯罪的，依法追究刑事责任。

挤占、干扰依法设立的气象无线电台（站）、频率的，依照无线电管理相关法律法规的规定处罚。

第二十五条 违反本条例规定，危害气象探测环境的，由气象主管机构责令停止违法行为，限期拆除或者恢复原状，情节严重的，对违法单位处2万元以上5万元以下罚款，对违法个人处200元以上5000元以下罚款；逾期拒不拆除或者恢复原状的，由气象主管机构依法申请人民法院强制执行；造成损害的，依法承担赔偿责任。

在气象探测环境保护范围内，违法批准占用土地的，或者非法占用土地新建建筑物或者其他设施的，依照城乡规划、土地管理等相关法律法规的规定处罚。

第二十六条 本条例自2012年12月1日起施行。

附录四

中华人民共和国气象预报发布与传播管理办法

中国气象局令

第26号

《气象预报发布与传播管理办法》已经2015年3月6日中国气象局局务会议审议通过，现予公布，自2015年5月1日起施行。

中国气象局局长　郑国光

2015年3月12日

第一条　为了规范气象预报发布，鼓励气象预报传播，更好地为经济社会发展和人民生活服务，根据《中华人民共和国气象法》和《气象灾害防御条例》，制定本办法。

第二条　在中华人民共和国领域和中华人民共和国管辖的其他海域内从事气象预报发布与传播活动的，应当遵守本办法。

第三条　本办法所称气象预报包括公众气象预报、灾害性天气警报和气象灾害预警信号。

本办法所称公众气象预报是指面向社会公众发布的天气现象、云、风向、风速、气温、湿度、气压、降雨、能见度等气象要素预报，以及日地空间天气现象、太阳活动水平、地磁活动水平、电离层活动水平、空间粒子辐射环境、中高层大气状态参数等空间天气要素预报。

本办法所称灾害性天气警报和气象灾害预警信号是指台风、暴雨、暴雪、寒潮、大风、沙尘暴、低温、高温、干旱、雷电、冰雹、霜冻、大雾、霾、道路结冰等气象灾害预警信息，以及太阳耀斑、太阳质子事件、日冕物质抛射、磁暴、电离层暴等空间天气灾害预警信息。

本办法所称气象预报发布是指气象预报向社会无偿公开的过程。

本办法所称气象预报传播是指将已发布的气象预报进行转播、转载的过程。

第四条　国务院气象主管机构和国务院有关部门应当按照职责分工，共同做好全国气象预报发布与传播工作，并加强监督管理。

地方各级气象主管机构和县级以上地方人民政府有关部门应当按照职责分工，共同做好本行政区域内的气象预报发布与传播工作，并加强监督管理。

第五条 县级以上地方人民政府应当组织新闻出版广播电视、电信、交通运输、气象、互联网等有关部门和单位建立完善气象预报发布和传播渠道。

传播气象预报的媒体和单位应当与当地气象主管机构所属的气象台建立获取最新气象预报机制，确保气象预报及时准确传播。

第六条 气象预报实行统一发布制度。各级气象主管机构所属的气象台应当按照职责通过气象预报发布渠道向社会发布，并根据天气变化情况及时更新发布气象预报。

其他任何组织或个人不得以任何形式向社会发布气象预报。

第七条 各级人民政府指定的媒体和单位应当安排固定的时间和频率、频道、版面、页面，及时传播气象主管机构所属的气象台提供的最新气象预报。广播、电视台（站）改变气象预报节目播发时间安排的，应当事先征得当地气象主管机构所属的气象台的同意。

第八条 各级人民政府应当组织气象等有关部门建立气象灾害预警信息快速发布和传播机制。可能或已经发生重大灾害性天气时，媒体和单位应当根据气象主管机构所属的气象台的要求及时增播、插播重要灾害性天气警报和气象灾害预警信号。

灾害性天气警报和气象灾害预警信号解除时，媒体和单位应当及时更新，不得传播过时的灾害性天气警报和气象灾害预警信号。

第九条 鼓励媒体和单位传播气象预报。媒体和单位传播气象预报应当使用当地气象主管机构所属的气象台提供的最新气象预报，并注明气象预报发布的气象台名称和发布时间，不得自行更改气象预报的内容和结论。

第十条 科研教学单位、学术团体和个人研究形成的气象预报意见和结论可以提供给气象主管机构所属的气象台制作气象预报时参考，但不得以任何形式向社会公开发布。

第十一条 国务院其他有关部门和省、自治区、直辖市人民政府其他有关部门所属的气象台站，可以发布供本系统使用的专项气象预报，但不得以任何形式向社会公开发布。

第十二条 违反本办法规定，有下列行为之一的，由有关气象主管机构按照权限责令改正，给予警告，可以并处5万元以下罚款：

（一）非法发布气象预报的；

（二）向社会传播气象预报不使用当地气象主管机构所属的气象台提供的最新气象预报的。

第十三条　各级气象主管机构所属的气象台工作人员，由于玩忽职守，导致未按规定发布气象预报造成严重后果的，依法给予行政处分；致使国家利益和人民生命财产遭到重大损失，构成犯罪的，依法追究刑事责任。

第十四条　违反本办法规定，有下列行为之一的，由有关气象主管机构按照权限责令改正，给予警告，可以并处3万元以下罚款；造成人员伤亡或重大财产损失，构成犯罪的，依法追究刑事责任。

（一）传播虚假气象预报的；

（二）不按规定及时增播、插播重要灾害性天气警报、气象灾害预警信号和更新气象预报的；

（三）向社会传播气象预报不注明发布单位名称和发布时间的；

（四）擅自更改气象预报内容和结论，引起社会不良反应或造成一定影响的。

第十五条　本办法自2015年5月1日起实施，2003年12月31日中国气象局公布的《气象预报发布与刊播管理办法》（中国气象局令第6号）同时废止。

附录五

四川省气象灾害预警信号发布与传播规定

《四川省气象灾害预警信号发布与传播规定》已经2009年7月7日四川省人民政府第36次常务会议通过，现予发布，自2009年11月1日起施行。

第一条 为规范气象灾害预警信号的发布与传播，防御和减轻气象灾害，保障人民生命财产安全，根据《中华人民共和国气象法》和《四川省气象灾害防御条例》，制定本规定。

第二条 在四川省行政区域内发布与传播气象灾害预警信号，实施相应的防御措施，适用本规定。

第三条 气象灾害预警信号（以下简称预警信号）分为干旱、暴雨、暴雪、冰雹、大风、雷电、高温、寒潮、霜冻、大雾、沙尘暴、霾、道路结冰和森林（草原）火险天气预警等14类。

预警信号按照气象灾害可能造成的危害程度、紧急程度和发展态势一般划分为四级，分为一般、较重、严重和特别严重，依次用蓝色、黄色、橙色、红色图标表示。

第四条 县级以上气象主管机构负责本行政区域内预警信号的发布、更新、解除与传播的监督管理工作。

各级广播电视、新闻出版、通信等部门按照职责配合气象主管机构做好预警信号传播的有关工作。

第五条 地方各级人民政府应当加强预警信号播发基础设施建设，组织有关部门建立气象灾害预警应急机制和系统，畅通预警信号发布与传播渠道，扩大预警信息覆盖面。

第六条 预警信号由县级以上气象主管机构所属气象台站（以下简称气象台站）依照职责向社会发布，其他任何组织或者个人不得发布。

第七条 气象台站发布预警信号应当及时、准确，指明气象灾害预警的区域并根据天气变化情况对所发布的预警信号予以更新或者解除。

发布预警信号或者更新、解除预警信号应及时报告上级气象主管机构和当地人民政府，通报有关部门和媒体。

红色预警信号的发布必须报经上级气象主管机构同意。

第八条　广播、电视和通信以及信息网络等传播媒体应当与气象台站建立快捷稳定有效的预警信号传输系统，在收到当地气象台站提供的预警信号信息后，应当立即、准确地向公众传播，广播、电视应当滚动播报，通信的短信平台应以群发方式传播。

第九条　媒体传播的预警信号应当使用气象台站直接提供的适时预警信号，并标明发布预警信号的气象台站的名称和发布时间，不得更改和删减预警信号的内容，不得拒绝传播预警信号，不得传播虚假、过时的预警信号。

第十条　媒体应当播发《四川省气象灾害预警信号和防御指南》规定的预警信号名称、图标。少数民族聚居区应当使用当地通用的语言文字。

第十一条　县级以上地方人民政府及其有关部门在收到气象台站发布的预警信号后，应当及时通知下级部门及其所属单位。

乡镇人民政府、街道办事处收到预警信号后，应当采取措施向本辖区公众广泛传播。

学校、机场、港口、车站、高速公路、旅游景点等公共场所的管理单位应当设置设施或者利用有效设施传播预警信号。

第十二条　国土资源、建设、农业、林业、交通运输、铁路、水利、教育、卫生等有关部门和单位应当参照《四川省气象灾害预警信号和防御指南》，结合本部门、本行业实际制订气象灾害防御方案并组织实施，避免或者减少气象灾害造成的损失。

第十三条　预警信号明确预示可能受灾的区域，当地人民政府及其有关部门应当认真分析灾害可能造成的影响，适时启动应急预案。

情况紧急时，气象灾害发生地的人民政府应当发布公告，组织采取相应的防御措施；当地人民政府、基层群众自治组织和企业、学校等应当及时动员并组织可能受到灾害威胁的人员转移、疏散。

第十四条　县级以上地方人民政府有关部门对预警信号专用传播设施依法实施保护，任何组织或者个人不得擅自移动、侵占、损毁。

预警信号播发基础设施因重大灾害遭受破坏的，当地人民政府应当采取紧急措施及时修复。

第十五条　各级气象主管机构和宣传、教育部门应当加强气象灾害防御科普知识宣传，组织开展多种形式的宣传教育活动，增强公众对预警信号和防御指南的了解和运用能力。

第十六条 违反本规定有下列行为之一的，由县级以上气象主管机构依照《中华人民共和国气象法》第三十五条、第三十八条及《四川省气象灾害防御条例》第二十二条的规定追究法律责任：

（一）非法向社会发布和传播预警信号的；

（二）广播、电视、通信、信息网络等媒体不及时传播预警信号的；

（三）擅自移动、侵占、损毁预警信号专用传播设施的。

第十七条 违反本规定，未及时传播预警信号或者未组织群众采取相应的防御措施，导致人民生命财产遭受严重损失的，对直接责任人员和负责的主管人员给予行政处分；构成犯罪的，依法追究刑事责任。

第十八条 气象工作人员玩忽职守，导致预警信号的发布出现重大失误的，对直接责任人员和负责的主管人员给予行政处分；构成犯罪的，依法追究刑事责任。

第十九条 本规定施行后，省气象主管机构可以根据本省防御气象灾害的需要，依据国务院气象主管机构预警信号的标准和规定，增设预警信号种类，制定和完善防御指南，报省人民政府备案后公布实施。

第二十条 本规定自2009年11月1日起施行。

附录六

四川省气象灾害预警信号和防御指南

（自2009年11月1日起公布施行）

气象灾害预警信号由名称、图标和标准3部分构成。

一、干旱预警信号

干旱预警信号分2级，分别以橙色、红色表示。干旱等级划分，以四川省地方标准中的综合气象干旱指数为标准。

（一）干旱橙色预警信号

图标：

标准：预计未来一周综合气象干旱指数达到重旱或者一个县（市、区）有40%以上的农作物受旱。

防御指南：

1．政府及有关部门适时启动应急预案，做好防御干旱的应急准备工作；

2．启用应急备用水源，调度辖区内可用水源，优先保障城乡居民生活用水和牲畜饮水；

3．限制非生产性高耗用水，限制排放工业污水；

4．适时进行人工增雨作业。

（二）干旱红色预警信号

图标：

标准：预计未来一周综合气象干旱指数达到特旱或者一个县（市、区）有60%以上的农作物受旱。

防御指南：

1．政府及有关部门做好防御干旱的应急和救灾工作；

2. 启动调水等应急供水方案，采取车载送水等方式确保城乡居民生活用水和牲畜饮水；

3. 限制非生产性高耗用水，暂停排放工业污水；

4. 加大人工影响天气作业力度，适时增雨作业。

二、暴雨预警信号

暴雨预警信号分3级，分别以黄色、橙色、红色表示。

（一）暴雨黄色预警信号

图标：

标准：四川盆地、凉山州和攀枝花市6小时降水量将达50毫米以上或者已达50毫米以上且降雨（10毫米/小时以上）可能持续。甘孜州、阿坝州6小时降雨25毫米以上或者已达25毫米以上且降雨（5毫米/小时以上）可能持续。

防御指南：

1. 政府及有关部门做好防御暴雨的准备工作；

2. 学校、幼儿园应采取措施保障学生和幼儿的安全；

3. 强降雨路段和积水路段加强交通管理，保障安全；

4. 切断低洼地带危险的室外电源，暂停在空旷地方的户外作业，转移危险地带人员和危房居民到安全场所避雨，转移低洼场所物资，收盖露天晾晒物品；

5. 检查城镇、农田、堤坝的排水系统，采取必要排涝措施，确保塘堰、水库保持安全水位；

6. 驾驶人员注意积水道路和塌方，确保行车安全。

（二）暴雨橙色预警信号

图标：

标准：四川盆地、凉山州和攀枝花市3小时降水量将达50毫米以上或者已达50毫米以上且降雨（20毫米/小时以上）可能持续。甘孜州、阿坝州3小时降雨达25毫米以上或者已达25毫米以上且降雨（10毫米/小时以上）可能持续。

防御指南：

1. 政府及有关部门适时启动应急预案，做好暴雨预防和应急准备工作；

2．切断危险的室外电源，暂停户外作业；

3．处于危险地带的学校可以停课、单位可以停业，采取措施保护到校学生、幼儿和其他上班人员的安全；

4．转移危险地带人员和危房居民到安全场所避雨，转移低洼场所物资，撤离井下作业人员；

5．做好城市、农田的排涝，防范暴雨可能引发的城市内涝和山洪、崩塌、滑坡、泥石流等灾害；

6．在强降雨路段和积水路段加强交通管理，保障安全。驾驶人员注意路滑和塌方，确保行车安全。

（三）暴雨红色预警信号

图标：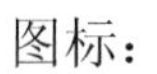 

标准：四川盆地、凉山州和攀枝花市3小时降水量将达100毫米以上或者已达100毫米以上且降雨（20毫米/小时以上）可能持续。甘孜州、阿坝州3小时降雨达50毫米以上或者已达50毫米以上且降雨（10毫米/小时以上）可能持续。

防御指南：

1．政府及有关部门启动应急预案，做好防御暴雨应急和抢险工作；

2．处于危险地带的学校可以停课，单位可以停业；

3．做好城市内涝和山洪、滑坡、崩塌、泥石流等灾害的防御和抢险工作；

4．转移地质灾害危险地带人员和危房居民，户外人员到安全场所暂避；

5．切断有危险的室外电源，暂停户外作业；

6．在强降雨路段和积水路段加强交通管理，保障安全；

7．驾驶人员注意路滑和塌方，确保行车安全。

三、暴雪预警信号

暴雪预警信号分3级，分别以黄色、橙色、红色表示。

（一）暴雪黄色预警信号

图标：

标准：12小时内降雪量达5毫米以上或者已达5毫米以上且降雪持续。

防御指南：

1. 政府及有关部门落实防雪灾和冻害的应急措施；

2. 交通、铁路、电力、通信等主管部门加强道路、铁路、线路等设施的巡查维护，做好道路安全和积雪清扫工作；

3. 注意防寒保暖，行人注意防滑，驾驶人员小心驾驶，车辆采取防滑措施；

4. 农牧区和种养殖业备足饲料，做好防御雪灾和冻害的准备；

5. 加固棚架等易被雪压垮的搭建物。

（二）暴雪橙色预警信号

图标：

标准：6小时内降雪量将达10毫米以上或者已达10毫米以上且降雪持续。

防御指南：

1. 政府及有关部门做好防雪灾和冻害的应急工作；

2. 交通、铁路、电力、通信等主管部门加强道路、铁路、线路等设施的巡查维护，做好道路安全和积雪清扫工作；

3. 防寒保暖，减少不必要的户外活动，行人注意防滑，驾驶人员对车辆采取防滑措施并小心驾驶；

4. 农牧区和种养殖业备足饲料，防御和减少雪灾和冻害造成的损失；

5. 加固棚架等易被雪压垮的搭建物，将牲畜赶入棚圈。

（三）暴雪红色预警信号

图标：

标准：6小时内降雪量达15毫米以上或者已达15毫米以上且降雪持续。

防御指南：

1. 政府及有关部门启动应急预案，做好防御雪灾和冻害的应急和抢险工作；

2. 交通、铁路、电力、通信等主管部门加强道路、铁路、线路等设施的巡查维护，做好道路清扫和积雪融化工作；

3. 采取防寒保暖措施，减少不必要的户外活动，行人注意防滑，驾驶人员对车辆采取防滑措施并小心驾驶；

4. 危险地带的学校可以停课、单位可以停业，封闭积雪道路，航空、铁路、高速公路实行交通管制或者暂停营运；

5. 农牧区和种养殖业备足饲料，做好防御雪灾、冻害的准备和农牧区的救灾救济工作；

6. 加固棚架等易被雪压塌的搭建物，将牲畜赶入棚圈。

四、冰雹预警信号

冰雹预警信号分2级，分别以橙色、红色表示。

（一）冰雹橙色预警信号

图标：

标准：6小时内可能出现冰雹伴随雷电天气并可能造成雹灾。

防御指南：

1. 政府及有关部门做好防御冰雹的应急工作；

2. 做好人工防雹作业准备并择机作业；

3. 户外行人到安全场所暂避；

4. 驱赶家禽、牲畜进入有顶蓬的场所，妥善保护易受冰雹袭击的汽车等室外物品或者设备；

5. 注意防御冰雹天气伴随的雷电灾害，不要在孤立的棚屋、岗亭、大树或者电杆下停留。

（二）冰雹红色预警信号

图标：

标准：2小时内出现冰雹伴随雷电天气的可能性极大并可能造成重雹灾。

防御指南：

1. 政府及有关部门启动抢险应急预案，做好防御冰雹的应急和抢险工作；

2. 适时开展人工防雹作业；

3. 户外行人立即到安全场所暂避；

4. 驱赶家禽、牲畜进入有顶蓬的场所，妥善保护易受冰雹袭击的汽车等室外物品或者设备；

5. 防御冰雹天气伴随的雷电灾害，不要在孤立的棚屋、岗亭、大树或者电杆下停留，关闭手机等无线通信工具。

五、大风预警信号

大风预警信号分4级，分别以蓝色、黄色、橙色、红色表示。

（一）大风蓝色预警信号

图标：

标准：四川盆地24小时内可能受大风影响，平均风力可达6级以上或者阵风7级以上；或者已经受大风影响，平均风力为6～7级，或者阵风7～8级并可能持续。

防御指南：

1. 政府及有关部门做好防御大风的准备工作；

2. 关好门窗，加固围板、棚架、广告牌等易被风吹动的搭建物，切断户外危险电源，妥善安置易受大风影响的室外物品，遮盖建筑物资；

3. 暂停露天集体活动和水上作业，航行船舶回港避风；

4. 注意行路、行车安全，刮风时不要在广告牌、临时搭建物等下面逗留。

（二）大风黄色预警信号

图标：

标准：12小时内可能受大风影响，平均风力可达8级以上或者阵风9级以上；或者已经受大风影响，平均风力为8～9级，或者阵风9～10级并可能持续。

防御指南：

1. 政府及有关部门做好防御大风工作；

2. 停止露天活动和高空、水上等户外危险作业，危险地带人员和危房居民转移到避风场所暂避；

3. 航行的船舶采取防风措施，加固港口设施，防止船舶走锚、搁浅和碰撞；

4. 切断户外危险电源，妥善安置易受大风影响的室外物品，遮盖建筑物资；

5. 机场、高速公路等单位采取措施保障交通运输安全，有关部门注意森林、草原等防火。

（三）大风橙色预警信号

图标：

标准：6小时内可能受大风影响，平均风力可达10级以上或者阵风11级以上；或者已经受大风影响，平均风力为10～11级或者阵风11～12级并可能持续。

防御指南：

1．政府及有关部门适时启动抢险应急预案，做好防御大风的应急和抢险工作；

2．房屋抗风能力弱的学校和单位停课、停业，人员减少外出；

3．暂停高空、水上和户外作业，航行的船舶回港避风，加固港口设施，防止船舶走锚、搁浅和碰撞；

4．切断户外危险电源和广告招牌电源，妥善安置易受大风影响的室外物品，遮盖建筑物资；

5．机场、铁路、高速公路、航运等交通运输单位采取保障交通安全措施，有关部门和单位注意森林、草原等防火。

（四）大风红色预警信号

图标：

标准：6小时内可能出现平均风力达12级以上的大风或者已经出现平均风力达12级以上的大风并可能持续。

防御指南：

1．政府及有关部门启动抢险应急预案，做好防御大风的应急和抢险工作；

2．人员停留在防风安全的地方，不要随意外出；

3．回港避风的船舶安排人员加固或者转移到安全的地方；

4．切断户外危险电源和广告招牌电源，妥善安置易受大风影响的室外物品，遮盖建筑物资；

5．机场、铁路、高速公路、航运等交通运输单位采取保障交通安全的措施，有关部门和单位注意森林、草原等防火。

六、雷电预警信号

雷电预警信号分3级，分别以黄色、橙色、红色表示。

（一）雷电黄色预警信号

图标：

标准：6小时内可能发生雷电活动，可能会造成雷电灾害事故。

防御指南：

1．政府及有关部门做好防雷工作；

2．密切关注天气变化，尽量避免户外活动；

3．暂停露天集体活动和高空等户外作业。

（二）雷电橙色预警信号

图标：

标准：2小时内发生雷电活动的可能性很大或者已经受雷电活动影响且可能持续，出现雷电灾害事故的可能性比较大。

防御指南：

1．政府及有关部门落实防雷应急措施；

2．人员应留在室内并关好门窗，户外人员应进入有防雷设施的建筑物或者车内暂避；

3．暂停露天集体活动和高空等户外作业；

4．切断危险电源，远离金属门窗，不要在树下、电杆下、塔吊下或者山顶停留或者躲避；

5．在空旷场地不要打伞，不要把农具、羽毛球拍、高尔夫球杆等金属物品扛在肩上。

（三）雷电红色预警信号

图标：

标准：2小时内发生雷电活动的可能性非常大或者已经有强烈的雷电活动发生且可能持续，出现雷电灾害事故的可能性非常大。

防御指南：

1．政府及有关部门做好防雷应急抢险工作；

2．留在室内并关好门窗，户外人员到有防雷设施的建筑物或者车内；

3．暂停露天集体活动和高空等户外作业；

4．切断危险电源，远离金属门窗，在空旷场地不要打伞，不要在树下、电杆下、塔吊下或者山顶停留或者躲避，不要把农具、羽毛球拍、高尔夫球杆等金属物品扛在肩上；

5．切勿接触天线、水管、铁丝网、金属门窗、建筑物外墙，远离电线等带电设备和其他类似金属装置；

6．不使用无防雷装置或者防雷装置不完备的电视、电话等电器，雷电时关闭手机。

七、高温预警信号

高温预警信号分2级，分别以橙色、红色表示。

（一）高温橙色预警信号

图标：

标准：达州、南充、广安、巴中、宜宾、遂宁、内江、资阳、广元、自贡、泸州、攀枝花和凉山等市州在未来24小时内最高气温将升至38℃以上；省内其余地区未来24小时内最高气温将升至35℃以上。

防御指南：

1．有关部门和单位做好防御高温工作；

2．注意防火，保障电力安全和公共卫生安全，预防流行疫情；

3．高温环境下作业和需要长时间户外露天作业的人员应采取防暑降温措施，午后高温时段尽量避免户外活动；

4．特别注意老弱病幼人群的防暑降温。

（二）高温红色预警信号

图标：

标准：达州、南充、广安、巴中、宜宾、遂宁、内江、资阳、广元、自贡、泸州、攀枝花和凉山等市州在未来24小时内最高气温将升至40℃以上；省内其余地区未来24小时内最高气温将升至37℃以上。

防御指南：

1．有关部门和单位适时启动抢险应急预案，做好处置灾害的准备；

2. 采取措施，确保正常供电、供水；

3. 注意公共环境卫生和食品卫生，预防流行疫情；

4. 防暑降温，对老弱病幼人群采取保护措施；

5. 午后高温时段尽量避免户外活动，中小学校在高温时段可决定停课，高温环境下作业的人员缩短连续工作的时间，暂停高温时段露天作业；

6. 加强防火，注意防范因用电量过高和电线、变压器等设施电力负载过大而引发的火灾，确保电力设施安全。

八、寒潮预警信号

寒潮预警信号分4级，分别以蓝色、黄色、橙色、红色表示。

（一）寒潮蓝色预警信号

图标：

标准：春季（3—4月）和秋季（10—11月），48小时内日平均气温将下降8℃以上或者已经下降6℃以上并可能持续。冬季（12月—翌年2月），48小时内日平均气温将下降6℃以上或者已经下降4℃以上并可能持续。

防御指南：

1. 注意添衣保暖；

2. 对农作物等采取一定的防护措施；

3. 妥善处置易受降温和大风影响的动植物；

4. 高空、水上等户外作业人员注意防寒防风。

（二）寒潮黄色预警信号

图标：

标准：春季（3—4月）和秋季（10—11月），48小时内日平均气温将下降10℃以上或者已经下降8℃以上并可能持续。冬季（12月—翌年2月），48小时内日平均气温将下降8℃以上或者已经下降6℃以上并可能持续。

防御指南：

1. 政府及有关部门做好防御寒潮工作；

2. 注意添衣保暖，照顾好老弱病幼人群；

3. 对牲畜、家禽和农作物等采取防寒措施；

4．高空、水上等户外作业人员采取防冻措施；

5．电力、燃气部门加强能源调度。

（三）寒潮橙色预警信号

图标：

标准：春季（3—4月）和秋季（10—11月），48小时内日平均气温将下降12℃以上或者已经下降10℃以上并可能持续。冬季（12月—翌年2月），48小时内日平均气温将下降10℃以上或者已经下降8℃以上并可能持续。

防御指南：

1．政府及有关部门适时启动抢险应急预案，做好防御寒潮的应急和抢险工作；

2．电力、燃气部门加强能源调度；

3．注意防寒保暖和防风；

4．农林、畜牧等部门采取防霜冻、冰冻等防寒措施，做好预防冻害工作；

5．交通部门对道路采取防滑和除冰等措施保障道路畅通，电力、通信等部门对线路等设施采取除冰等措施保障电力供应和通信畅通，管道运输、自来水等部门对管道采取预防结冰的措施确保管道运输和自来水供应的安全；

6．高空等户外作业人员采取防冻防风措施。

（四）寒潮红色预警信号

图标：

标准：春季（3—4月）和秋季（10—11月），48小时内日平均气温将下降16℃以上或者已经下降14℃以上并可能持续。冬季（12月—翌年2月），48小时内日平均气温将下降12℃以上或者已经下降10℃以上并可能持续。

防御指南：

1．政府及有关部门启动抢险应急预案，做好防御寒潮的应急和抢险工作；

2．落实防寒保暖措施并做好防风工作；

3．电力、燃气部门加强能源调度；

4．农林、畜牧等部门采取防霜冻、冰冻等防寒措施，预防农作物、牲畜、家禽等遭受冻害，减少损失；

5．交通部门对道路采取防滑和除冰等措施确保道路畅通，电力、通信等部门对线路等设施采取除冰等措施确保电力供应和通信畅通，管道运输、自来水等部门对管道采取预防结冰的措施确保管道运输和自来水供应的安全；

6．暂停户外作业，减少不必要的户外活动。

九、霜冻预警信号

霜冻预警信号分3级，分别以蓝色、黄色、橙色表示。

（一）霜冻蓝色预警信号

图标：

标准：48小时内地面最低温度将下降到0℃以下或者已经降到0℃以下并可能持续，对农牧业将产生影响或者已经产生影响。

防御指南：

1．政府及有关部门做好防御霜冻的准备工作；

2．农村基层组织和农户要关注当地霜冻预警信息，对农经作物、林业育种和畜牧业采取防御冻害的措施。

（二）霜冻黄色预警信号

图标：

标准：24小时内地面最低温度将下降到零下3℃以下或者已经降到零下3℃以下并可能持续，对农牧业将产生或者已经产生严重影响。

防御指南：

1．政府及有关部门做好防御霜冻应急准备工作；

2．农村基层组织要广泛发动群众防灾抗灾，做好农业、林业和畜牧业等防御冻害的准备工作；

3．对农经作物、林业育种采取田间灌溉等防御低温、霜冻、冰冻措施，对蔬菜、花卉、瓜果采取覆盖、喷洒防冻液等措施减轻冻害；

4．交通运输、电力、通信等部门做好防御低温冰冻和除冰的准备工作，保障交通运输和线路运行的安全。

（三）霜冻橙色预警信号

图标：

标准：24小时内地面最低温度将下降到零下5℃以下或者已经降到零下5℃以下并将持续，对农牧业将产生或者已经产生严重影响。

防御指南：

1．政府及有关部门做好防御霜冻的应急工作；

2．加强防寒保暖措施，做好防御冻害工作；

3．农村基层组织要广泛发动群众防灾抗灾，做好农业、林业和畜牧业等防御冻害的工作；

4．对农经作物、林业育种采取田间灌溉等防御低温、霜冻、冰冻措施，对蔬菜、花卉、瓜果要采取覆盖或者喷洒防冻液等措施减轻冻害；

5．交通运输、电力、通信等部门做好防御低温冰冻的准备，保障交通运输和线路运行的安全。

十、大雾预警信号

大雾预警信号分3级，分别以黄色、橙色、红色表示。

（一）大雾黄色预警信号

图标：

标准：12小时内可能出现能见度小于500米的雾或者已经出现能见度小于500米、大于等于200米的雾并将持续。

防御指南：

1．有关部门和单位按照职责做好防雾的准备工作；

2．机场、高速公路、轮渡码头等单位加强交通管理，保障安全；

3．驾驶人员注意雾的变化，小心驾驶；

4．户外活动注意安全，老弱病幼人群尽量减少户外活动。

（二）大雾橙色预警信号

图标：

标准：6小时内可能出现能见度小于200米的雾或者已经出现能见度小于200米、大于等于50米的雾并将持续。

防御指南：

1. 有关部门和单位做好防雾工作；

2. 机场、高速公路、轮渡码头等单位采取切实措施，加强交通管理和调度指挥，确保安全；

3. 驾驶人员控制车船的行进速度；

4. 减少户外活动，出行准备口罩。

（三）大雾红色预警信号

图标：

标准：2小时内可能出现能见度小于50米的雾或者已经出现能见度小于50米的雾并将持续。

防御指南：

1. 有关部门和单位做好防雾应急工作；

2. 有关单位按照行业规定采取交通安全管制措施，机场暂停飞机起降，高速公路暂时封闭，轮渡暂时停航等；

3. 驾驶人员根据雾天行驶规定采取预防措施，根据环境条件采取合理行驶方式，并尽快寻找安全停放区域停靠；

4. 不要在户外活动，出行戴口罩。

十一、沙尘暴预警信号

沙尘暴预警信号分3级，分别以黄色、橙色、红色表示。

（一）沙尘暴黄色预警信号

图标：

标准：12小时内可能出现沙尘暴天气（能见度小于1000米）或者已经出现沙尘暴天气并可能持续。

防御指南：

1. 政府及有关部门做好防御沙尘暴工作；

2. 关好门窗，加固围板、棚架、广告牌等易被风吹动的搭建物，妥善安置易受大风影响的室外物品，遮盖建筑物资，做好精密仪器的密封工作；

3．不宜开展户外活动，出行携带口罩、纱巾等防尘用品；

4．呼吸道疾病患者、对风沙敏感的人员不宜户外活动；

5．驾驶人员注意沙尘暴变化，小心驾驶。

（二）沙尘暴橙色预警信号

图标：

标准：6小时内可能出现强沙尘暴天气（能见度小于500米）或者已经出现强沙尘暴天气并可能持续。

防御指南：

1．政府及有关部门做好防御沙尘暴应急工作；

2．停止露天活动和暂停高空、水上等户外作业；

3．机场、铁路、高速公路等单位采取交通安全防护措施，驾驶人员注意沙尘暴变化，小心驾驶；

4．关好门窗，加固围板、棚架、广告牌等易被风吹动的搭建物，妥善安置易受大风影响的室外物品，遮盖建筑物资，做好精密仪器的密封工作；

5．户外人员戴好口罩、纱巾等防尘用品，不要在广告牌、临时搭建物和树下逗留，并注意交通安全；

6．尽量减少出行，呼吸道疾病患者、对风沙敏感人员不要到室外活动。

（三）沙尘暴红色预警信号

图标：

标准：6小时内可能出现特强沙尘暴天气（能见度小于50米）或者已经出现特强沙尘暴天气并可能持续。

防御指南：

1．政府及有关部门做好防御沙尘暴应急抢险工作；

2．人员在防风、防尘场所暂避风沙，不要在户外活动；

3．学校、幼儿园推迟上学或者放学，直至特强沙尘暴结束；

4．飞机暂停起降，火车暂停运行，高速公路暂时封闭。

十二、霾预警信号

霾预警信号分2级，分别以黄色、橙色表示。

（一）霾黄色预警信号

图标：

标准：12小时内可能出现能见度小于3000米的霾或者已经出现能见度小于3000米的霾且可能持续。

防御指南：

1. 驾驶人员小心驾驶；
2. 空气质量降低，人员需适当防护；
3. 呼吸道疾病患者尽量减少外出，外出时可戴上口罩。

（二）霾橙色预警信号

图标：

标准：6小时内可能出现能见度小于2000米的霾或者已经出现能见度小于2000米的霾且可能持续。

防御指南：

1. 机场、高速公路等单位加强交通管理，保障安全；
2. 驾驶人员谨慎驾驶；
3. 空气质量差，人员需适当防护；
4. 人员减少户外活动，呼吸道疾病患者尽量避免外出，外出时戴上口罩。

十三、道路结冰预警信号

道路结冰预警信号分3级，分别以黄色、橙色、红色表示。

（一）道路结冰黄色预警信号

图标：

标准：12小时内可能出现对交通有影响的道路结冰。

防御指南：

1. 交通、公安等部门做好道路结冰应对准备工作；

2．驾驶人员注意路况，安全行驶；

3．行人外出注意防滑。

（二）道路结冰橙色预警信号

图标：

标准：6小时内可能出现对交通有较大影响的道路结冰。

防御指南：

1．交通、公安等部门做好道路结冰应急和抢险工作；

2．交通、铁路、电力、通信等部门采取措施，保障道路畅通和线路运行的安全；

3．驾驶人员对车辆采取防滑措施，听从指挥，慢速行驶；

4．行人出行注意防滑。

（三）道路结冰红色预警信号

图标：

标准：2小时内可能出现或者已经出现对交通有很大影响的道路结冰。

防御指南：

1．政府及有关部门做好道路结冰的应急和抢险工作；

2．交通、铁路、电力、通信等部门采取措施，保障道路的畅通和线路运行的安全；

3．交通、公安等部门注意指挥和疏导行驶的车辆，必要时关闭结冰道路交通；

4．人员尽量减少外出。

十四、森林（草原）火险天气预警信号

森林（草原）火险天气预警信号分3级，分别以黄色、橙色、红色表示。

（一）森林（草原）火险天气黄色预警信号

图标：

标准：连续3天出现4级以上森林（草原）高火险天气，未来将持续。

防御指南：

1. 有关部门做好防火灭火准备工作；

2. 加强林区巡查，严格管理野外用火；

3. 加强林区（草原）火险天气监测，及时通报火险天气情况；

4. 注意野外用火安全。

（二）森林（草原）火险天气橙色预警信号

图标：

标准：连续5天出现4级以上森林（草原）高火险天气，未来将持续。

防御指南：

1. 政府及有关部门适时启动应急预案，做好防火灭火的应急和抢险工作；

2. 加强林区（草原）火险监测巡逻，严格控制野外用火；

3. 加强林区（草原）火险天气监测，及时通报火险天气情况，做好人工影响天气准备工作；

4. 注意野外用火安全，在重点火险区设卡布点，禁止将火种带入；

5. 加强森林（草原）防火知识宣传教育。

（三）森林（草原）火险天气红色预警信号

图标：

标准：连续7天出现4级以上森林（草原）高火险天气，未来将持续。

防御指南：

1. 政府及有关部门启动应急预案，做好防火灭火的应急和抢险工作；

2. 林区禁止一切用火，在重点火险区设卡布点，禁止将火种带入；

3. 严密监视林区（草原）火点，随时启动处置火灾应急预案，森林消防队伍严阵以待；

4. 加强林区（草原）火险监测巡查力度，禁止野外用火；

5. 加强林区（草原）火险天气监测和情况通报，适时开展人工增雨作业灭火；

6. 加强森林（草原）防火知识宣传教育。

附录七

泸州市纳溪区气象灾害预警标准

一、干旱

橙色预警Ⅱ级：8个镇（街道）大部地区达到气象干旱重旱等级，且至少5个镇（街道）部分地区出现气象干旱特旱等级，影响特别严重，预计干旱天气或干旱范围进一步发展。

黄色预警Ⅲ级：5个镇（街道）大部地区达到气象干旱重旱等级，且至少3个镇（街道）部分地区出现气象干旱特旱等级，影响严重，预计干旱天气或干旱范围进一步发展。

蓝色预警Ⅳ级：3个镇（街道）大部地区达到气象干旱重旱等级，预计干旱天气或干旱范围进一步发展。

二、暴雨

红色预警Ⅰ级：过去48小时8个及以上镇（街道）连续出现日雨量100毫米以上降雨，影响特别严重，且预计未来24小时上述地区仍将出现100毫米以上降雨。

橙色预警Ⅱ级：过去48小时5个及以上镇（街道）连续出现日雨量100毫米以上降雨，影响严重，且预计未来24小时上述地区仍将出现50毫米以上降雨；或者预计未来24小时3个及以上镇（街道）将出现150毫米以上降雨。

黄色预警Ⅲ级：过去24小时5个及以上镇（街道）出现50毫米以上降雨，且预计未来24小时上述地区仍将出现50毫米以上降雨；或者预计未来24小时有3个及以上镇（街道）将出现100毫米以上降雨。

蓝色预警Ⅳ级：预计未来24小时3个及以上镇（街道）将出现50毫米以上降雨。

三、寒潮

橙色预警Ⅱ级：预计未来48小时我区日平均气温下降10℃以上并伴有6级及以上大风，且日平均气温降至4℃以下。

黄色预警Ⅲ级：预计未来48小时我区日平均气温下降8℃以上并伴有5级及以上大风，且日平均气温降至4℃以下。

蓝色预警Ⅳ级：预计未来48小时我区日平均气温下降6℃以上并伴有5级及以上大风，且日平均气温降至6℃以下。

四、大风

橙色预警Ⅱ级：预计未来48小时我区将出现平均风力达8级及以上大风天气。

黄色预警Ⅲ级：预计未来48小时我区将出现平均风力达6～7级大风天气。

五、低温

黄色预警Ⅲ级：过去72小时我区出现日平均气温较常年同期偏低 5℃以上的持续低温天气，预计未来48小时我区日平均气温持续偏低 5℃以上（11月至翌年3月）。

蓝色预警Ⅳ级：过去24小时我区出现日平均气温较常年同期偏低 5℃以上的低温天气，预计未来48小时我区日平均气温持续偏低 5℃以上（11月至翌年3月）。

六、高温

橙色预警Ⅱ级：过去48小时我区大部地区持续出现最高气温达 38℃及以上，其中有5个及以上镇（街道）达40℃及以上高温天气，且预计未来48小时我区高温天气仍将持续出现。

黄色预警Ⅲ级：过去48小时我区大部地区持续出现最高气温达 38℃及以上高温天气，且预计未来48小时我区高温天气仍将持续出现。

蓝色预警Ⅳ级：预计未来48小时我区5个及以上镇（街道）将持续出现最高气温为38℃及以上；或者已经出现并可能持续。

七、霜冻

蓝色预警Ⅳ级：预计未来24小时我区将出现霜冻天气（12月至翌年2月）。

八、雨雪冰冻

橙色预警Ⅱ级：我区大部地区日平均气温已持续5—10天在2℃或以下并

伴有雨雪天气，未来3—5天低温雨雪天气仍将继续维持，并可能造成特别严重影响。

黄色预警Ⅲ级：我区大部地区日平均气温已降至3℃或以下并伴有雨雪天气，未来3—5天低温雨雪天气仍将继续维持，并可能造成严重影响。

九、大雾

黄色预警Ⅲ级：预计未来48小时我区大部地区将出现能见度小于200米的雾；或者已经出现并可能持续。

蓝色预警Ⅳ级：预计未来24小时我区大部地区将出现能见度小于500米的雾；或者已经出现并可能持续。

十、霾

蓝色预警Ⅳ级：未来24小时我区大部地区将出现能见度小于2000米的霾，或者已经出现并可能持续。

十一、各类气象灾害预警分级统计表

灾害 分级	干旱	暴雨	寒潮	大风	低温	高温	霜冻	雨雪冰冻	大雾	霾
Ⅰ级		√								
Ⅱ级	√	√	√	√		√		√		
Ⅲ级	√	√	√	√	√	√		√	√	
Ⅳ级	√	√	√		√	√	√		√	√

附录八

常见气象要素单位及字母代号

1. 海平面气压单位：百帕（hPa）
2. 温度单位：摄氏度（° C）
3. 风向单位：度（° ）；北方为0° ，顺时针0° ～360°
4. 风速单位：米/秒（m/s）
5. 降水量单位：毫米（mm）
6. 日照单位：小时（h）
7. 相对湿度单位：百分比（%）

参考文献

刘彤,闫天池,2011.我国的主要气象灾害及其经济损失[J].自然灾害学报,**20**（2）:90-95.

王春乙,娄秀荣,王建林,2007.中国农业气象灾害对作物产量的影响[J].自然灾害学报,**16**（5）:39-40.

胡长书,2011.关于富源县域气象灾害的探讨[J].城市建设理论研究,（35）.

石昌军,2010.黔南暴雨洪涝灾害情势及防御[J].贵州气象,**34**（4）:6-10.

黄美华,2016.台风、暴雨灾后农作物复产管理措施[J].吉林农业,（1）:62-62.

陈小平,秦礼,刘学奇,等,2016.纳溪区年鉴（2016）[M].北京:中国文史出版社.

潘洪先,2015.叙永县农业气象灾害研究及预警信息系统功能设计[D].重庆师范大学.

张平元,代元平,刘道高,等,2008.纳溪区500年灾情录（1468—2002年）[M].纳溪区地方志办公室.

蒋泽国,2008.再生稻高产的六个关键技术[J].农村实用技术,（8):27-27.

温克刚,詹兆渝,2006.中国气象灾害大典·四川卷[M].北京:气象出版社.

刘震,2000.强化综合治理 促进退耕还林——山西省吕梁地区水土保持生态环境建设调查报告[J].中国水利,（5）:40-41.

徐培智,解开治,刘光荣,等,2012.冷浸田开沟排水技术规程[J].广东农业科学,**39**（21）:91-92.

陈海燕,熊继东,代刚,2017.安岳县特色农业气象服务技术与应用[M].成都:四川大学出版社.